分析化学で用いられるおもな数学の公式

$10^0 = 1$　$10^1 = 10$　$10^2 = 100$　$10^{-1} = \frac{1}{10} = 0.1$　$10^{-2} = \frac{1}{100} = 0.01$

$(x^m)^n = x^{mn}$　$x^m \cdot x^n = x^{m+n}$　$x^n \cdot y^n = (xy)^n$

$(x \times 10^m) \times (y \times 10^n) = xy \times 10^{m+n}$　$\frac{x \times 10^m}{y \times 10^n} = \frac{x}{y} \times 10^{m-n}$

（x，y：実数，m，n：整数）

自然対数と常用対数の底の変換

$$\log_{10} y = \log y \cdot \frac{\log_e y}{\log_e 10} = \frac{\ln y}{2.303}$$

$$\log_e 10 = \ln 10 = 2.303 \times \log_{10} 10$$

$$\log_e y = \ln y = \frac{\log_{10} y}{\log_{10} e} = 2.303 \times \log_{10} y$$

常用対数の計算

$10^x = y$のとき，$x = \log_{10} y$（$y > 0$，10を底という）と表される．

$\log_{10} 1 = 0$　$\log_{10} 10 = 1$　$\log_{10} m^n = n \log_{10} m$

$\log_{10}(m \times n) = \log_{10} m + \log_{10} n$　$\log_{10} \frac{m}{n} = \log_{10} m - \log_{10} n$

$$\log_{10} x_1 + \log_{10} x_2 = \log_{10} x_1 x_2$$

$$\log_{10}\left(\frac{x_1}{x_2}\right) = \log_{10} x_1 - \log_{10} x_2$$

$$m \log_{10} x = \log_{10} x^m$$

$$\log_{10} x = M \log_e x$$

$$\log_e x = \frac{1}{M} \log_{10} x$$

$$M = \frac{1}{\log_e 10} = \log_{10} e$$

$$\frac{1}{M} = \frac{1}{\log_{10} e} = \log_e 10$$

薬学生のための

化学平衡ノート

荒川秀俊　著

丸善出版

はじめに

化学平衡は分析化学の基礎である．

一般に自然科学研究の多くは，試料から対象物質を単離し，次に化学反応や酵素反応，あるいは機器を用いた物理的な方法で解析することで行われている．つまり研究そのものが「分析」である．このことから，わが国の理系の学部，理学部，工学部，農学部，そして薬学部には，ほぼ共通の基礎科目としての「分析化学」が存在する．分析化学は科学研究を支える学問であり，さらに，その基本となる学問が「化学平衡」である．

薬学における分析化学は，医薬品や生体中の生理活性物質（ホルモンなど），さらに食品や環境物質などを対象とし，品質管理や臨床化学，衛生化学分野に応用されている．一方，医薬品の作用効果は，ある環境下での物質の化学的状態に依存し，細胞膜やレセプターなどとの反応性に大きく影響するものと考えられている．このような物質の性質を理解することは，薬学生においては必須のことであり，また創薬の研究においても必要な知識である．さらに実際の薬剤師業務においても，医薬品をどのように溶解または沈殿させるか，あるいは薬物相互作用による配合変化がどのように起こるのかを考えるとき，物質の科学，すなわち化学平衡を基本的に理解していることが必要とされる．これらの知識は，チーム医療での薬剤師の役割として，最も必要とされる職能でもある．

このように化学平衡は，物質科学の基礎でもあることから，本来は一つの重要な学問として位置づけられるものであるが，現実には，分析化学の教科書の一部として化学平衡論を記載していることが多い．そのため，その内容は簡潔に整理された記述が多く，化学平衡を自学自習で学ぶには難しい内容となっている．特に式の展開などは，ステップごとの詳細な記述がない場合が多く，それ以上理解が進まないことがある．そこで本書は，式を容易に理解できるよう段階的な式の誘導を詳しく示し，さらに，各種化学平衡の項目ごとに学ぶ目的や分析化学以外の科学に応用すべきポイント（コラム）などを明記し，「化学平衡」が単なる分析の基礎ではなく，科学，特に薬学を支える重要な学問であることを認識し，さらに興味をもって学習するように構成している．

本書は，化学平衡をノート的に記載していることから，一般的な分析化学の教科書と併用することが望ましい．化学平衡は一般に化学計算の演習と捉えられることが多いが，決して計算力を問う内容ではない．どのように式を立てるかや，物質の反応性をいろいろな角度から考察できる力を養う学問である．そのような理由から，本書では一部，平衡定数などを便宜上，計算しやすい数値に置き換えている場合があるので，注意してほしい．

学生諸君が化学平衡を繰り返し学ぶことにより，化学がより身近な学問となり，生物反応や生化学反応を平衡論で考察できるようになることに本書が役立てば幸いである．

最後に，本書の制作にあたりご理解をいただいた元丸善出版株式会社の三井正樹氏，そして編集に並々ならぬ労力を注がれた同社企画・編集部 糠塚さやか氏に心から感謝申し上げます．

2015 年 8 月

荒川　秀俊

本書は，2014 年に京都廣川書店より出版された“化学平衡 LEARNING －科学，そして分析化学の礎として－”を加筆修正して出版したものです．

目次

序章

化学平衡の基礎（principles of chemical equilibrium）

平衡とは，2つの相対抗する過程の間に均衡が保たれている状態であり，物理平衡と化学平衡がある．物理平衡とは，下記の反応のような単なる物理的状態の変化での平衡をいう．

$$C_2H_5OH\text{（液体）} \rightleftharpoons C_2H_5OH\text{（気体）} \quad \cdots①$$

これに対して反応式②，③に示すような原系と生成系の間において，新しい化学種が生成する場合の平衡を化学平衡という．

$$CaCO_3 \rightleftharpoons CaO + CO_2 \quad \cdots②$$

$$CH_3COOH \rightleftharpoons CH_3COO^- + H^+ \quad \cdots③$$

別の言い方をすれば，化学平衡とは，溶液中に存在する分子やイオン間での反応を対象とする平衡のことである．

溶液中の物質は，**図 0-1** のように分類される．

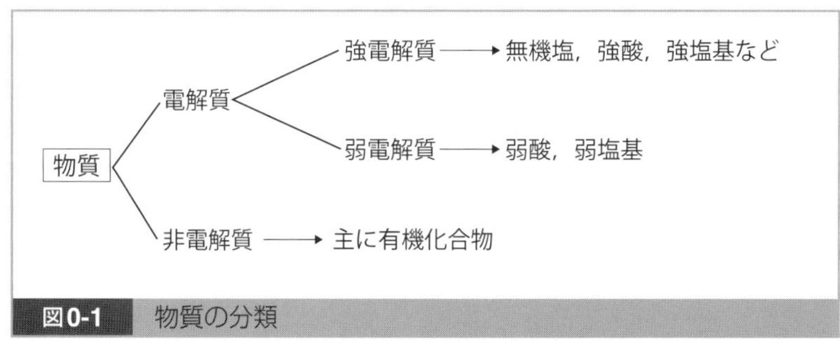

図 0-1　物質の分類

ここでの電解質とは，水に溶けて電離し，電気を通し，電気分解ができる物質をいい，非電解質とは，水に溶けても電離しない，電気を通さない，電気分解できない物質のことである．

化学平衡で対象とする物質は，主に弱電解質である．

1. 分析化学の反応

分析化学の反応を大きく分けると以下のようになる．

① 酸塩基反応

② 酸化還元反応

③ 錯体生成反応

④ 沈殿反応

これらの反応には，以下のような平衡が成立する．

$$A + B \rightleftharpoons C + D$$

反応前　　　　反応後

> 反応物と生成物の濃度の比が，ある一定のところで止まる.（実際には，左右の反応速度が等しくなり，あたかも止まったかのようにみえる状態）
> ⇨ これを化学平衡という

酸塩基平衡

酢酸が水と反応すると次のように解離する．

$$\underline{CH_3COOH} + H_2O \rightleftharpoons \underline{CH_3COO^-} + H_3O^+$$

↑ 平衡後，大部分が残っている．（CH_3COOH）

↑ 一部分が解離して生じたイオン（CH_3COO^-）

いま，溶液内反応の平衡をAとBで表し，

$$A + B \underset{V_2}{\overset{V_1}{\rightleftharpoons}} C + D$$

それぞれの濃度を C_A　C_B　C_C　C_D で表す．

それぞれの反応速度は物質同士がぶつかり合う確率に比例し，これは，物質の濃度の積に比例することになる．速度定数を k_1，k_2 とすると，それぞれの速度は，

$$V_1 = k_1 C_A \times C_B$$

$$V_2 = k_2 C_C \times C_D$$

で表される．

⇨ 平衡に達すると $V_1 = V_2$ となり，

$$k_1 C_A C_B = k_2 C_C C_D$$

$$\frac{k_1}{k_2} = \frac{C_C C_D}{C_A C_B} = K$$

ここで得られる K を平衡定数という．

より一般的な反応で示すと，

$$aA + bB + cC + \cdots \rightleftharpoons pP + qQ + rR + \cdots$$

（濃度）C_A　C_B　C_C　　C_P　C_Q　C_R

$$K = \frac{C_P^p\, C_Q^q\, C_R^r \cdots}{C_A^a\, C_B^b\, C_C^c \cdots}$$

この式を質量作用の法則の式という．

一般に K は一定温度であれば常に一定の値を示す．通常，濃度が変わっても K は同じ値である．

2. 平衡定数 K

前述の分析化学の反応では，各々の平衡定数は次のように表される．

① 酸塩基平衡

$$CH_3COOH + H_2O \rightleftharpoons CH_3COO^- + H_3O^+$$

$$K = \frac{[CH_3COO^-][H_3O^+]}{[CH_3COOH][H_2O]}$$

[　] は濃度を表す．

② 酸化還元平衡

$$Ce^{4+} + Fe^{2+} \rightleftharpoons Ce^{3+} + Fe^{3+}$$

e^-

$$K = \frac{[Ce^{3+}][Fe^{3+}]}{[Ce^{4+}][Fe^{2+}]}$$

③ 錯体平衡

非共有電子対の配位

$$Cu^{2+} + 4\ddot{N}H_3 \rightleftharpoons Cu(NH_3)_4^{2+}$$

$$K_f = \frac{[Cu(NH_3)_4^{2+}]}{[Cu^{2+}][NH_3]^4}$$

f は formation（形成）を意味する．

④ 沈殿平衡

沈殿物と溶けたイオン間での平衡反応

$$Ag^+ + Cl^- \rightleftharpoons AgCl\downarrow$$

$$K_{sp} = [Ag^+][Cl^-]$$

sp は solubility product を意味する．

酸塩基平衡

1章

1-1 電離平衡

1-1-1 電解質溶液での平衡

弱電解物質（AB）を水に溶かすと，
AB の一部分が A^+ と B^- に解離する．

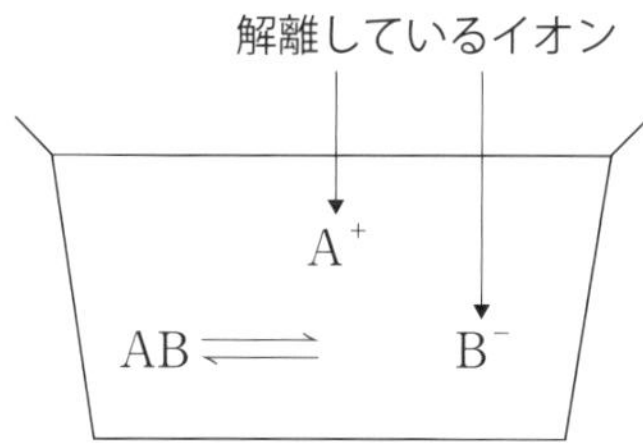

このとき，平衡定数 K は以下のように表される．

$$AB \rightleftharpoons A^+ + B^- \qquad K = \frac{[A^+][B^-]}{[AB]}$$

（質量作用の法則の式）

K を解離定数 あるいは 電離定数ともいう．

[AB]：電離しなかった分子の濃度
$[A^+]$，$[B^-]$：電離した各々のイオン濃度

K ⇨ 温度一定のとき，一定の値

K は電離度とは異なる．つまり $\alpha \neq K$ である．

1-1-2 平衡定数 K と電離度 α の違い

電離度とは，物質がどのくらい電離（解離）したかという度合を表す．

$$\alpha = \frac{\text{電離したモル数}^*}{\text{溶質の全モル数}}$$

＊ “モル数”は正しくは“物質量”であるが，本書では便宜上，“モル数”を用いている．

電離度 α は濃度を**薄くすると大きくなる．**　→ K とは異なる．

次に，α と K の関係式を立ててみる．

$$AB \rightleftharpoons A^+ + B^- \qquad K = \frac{[A^+][B^-]}{[AB]}$$

AB を溶かしたときの濃度を C mol/L とし，電離度を α とすると，AB

の濃度は$C-C\alpha$，電離したA^+，B^-の濃度は$C\alpha$となり，

$$K=\frac{C\alpha\cdot C\alpha}{C-C\alpha}=\frac{C\alpha^2}{1-\alpha}$$

$\therefore 1-\alpha \fallingdotseq 1$ とすると

$$K=C\alpha^2$$

$$\alpha^2=\frac{K}{C}$$

$\therefore \alpha=\sqrt{\dfrac{K}{C}}$ が得られる．

Kは一定の値であるから，電離度は濃度に依存し，濃度が大きくなると電離度αは小さくなることがわかる．

1-2 化学平衡に影響する因子

1-2-1 濃度の影響

通常，Kは一定であるが，“極端に”濃度が高まると，イオン強度によりKは変化する．

これは，熱力学的な活量という概念で説明される．

濃度C（concentration，mol/L）が↑ ⇨ イオン同士の相互作用が大きくなる．

↑：上昇，増大を意味する

⇩

運動の自由が束縛される．

⇩

熱力学的に有効な濃度（a）が減少する．

⇩

活量a（activity）←真の力を示す．

すなわち，

$C \neq a$，つまり濃度＝活量ではない．

活量は活量係数γを用いると，濃度で表すことができる．

$$a=C\times\gamma$$

通常は活量係数$\gamma=1$とみなしている．

活量を用いて平衡定数を求めると，以下の式になる．

$$AB \rightleftharpoons A^+ + B^- \qquad \overline{K}=\frac{a_A a_B}{a_{AB}}$$

ここで**$\overline{K}$は熱力学的平衡定数**といい，真の平衡定数を意味する．

活量を濃度と活量係数で表し，上の式に代入すると，

$$a_{AB} = C_{AB}\gamma_{AB}$$

$$a_A = C_A\gamma_A$$

$$a_B = C_B\gamma_B$$

$$\overline{K} = \frac{C_A\gamma_A C_B\gamma_B}{C_{AB}\gamma_{AB}}$$

ここで，濃度で求めた質量作用の法則の式 $K = \dfrac{C_A C_B}{C_{AB}}$ を代入する．

$$K = \overline{K} \times \frac{\gamma_{AB}}{\gamma_A\gamma_B}$$

γ_{AB} ← 電荷がない場合は分子間相互作用が小さく $\gamma = 1$ とみなせる．

$\gamma_A\gamma_B$ ← イオンは相互作用が大きく，γ は小さくなる．$\gamma < 1$ となる．

よって，平衡定数 K はイオン強度により大きくなる．しかし，**通常の濃度では，未解離の分子も解離したイオンも $\gamma = 1$ とみなし，$\overline{K} = K$ となる**．

ポイント　満員電車での活量

活量を通学電車で考えてみる．満員電車の中では，人はギュウギュウ詰めになっているため，人は身動きがとれない．つまり相互作用により，個人の質量に変化はないが，その活動度（活量 a と考える）は小さくなっている（$\gamma < 1$）．これに対し，空いている電車では，同じ質量ではあるが，人の本来の活動度になる．つまり活量係数は $\gamma = 1$ となる．このように考えるとわかりやすい！

●活量係数とイオン強度の関係式

デバイ–ヒュッケル式（水溶液中の近似式）

$$\log\gamma_\pm = -\frac{0.51|z^+z^-|\sqrt{I}}{1+\sqrt{I}}$$

で表される．

活量係数 γ はイオン強度 I により導かれる．イオン強度 I は，

$$I = \frac{1}{2}\sum Cz^2$$

C：イオンの濃度，z：電荷数

ex）1×10^{-4} mol/L Na_2SO_4 では，

$[Na^+] = 2 \times 10^{-4}$ mol/L

$[SO_4^{2-}] = 1 \times 10^{-4}$ mol/L

$$I = \frac{1}{2}(2 \times 10^{-4} \times 1^2 + 1 \times 10^{-4} \times 2^2) = 3 \times 10^{-4}\ \mathrm{mol/L}$$

次に，この値をデバイ-ヒュッケル式に代入すると（ただし，$z^+=1$, $z^-=2$ とする），

$$\log \gamma_{\pm} = -0.0176$$

$\gamma = 0.96$　が求められる．

1-2-2 温度の影響

水の解離は温度に強く影響される．

化学反応には吸熱反応と発熱反応がある．水のイオン化は吸熱反応である．したがって，温度を上げると，解離は増大することになる．

$$H_2O \rightleftharpoons H^+ + OH^- \qquad \Delta H^\circ = 13.8\ \mathrm{kcal/mol}$$

20℃から100℃に温度を上げると ΔH° は上昇する．

弱酸の多くは解離する際に必要な熱が小さいため，ほとんど温度の影響はない．

CH_3COOH　$\Delta H^\circ = -0.1$ kcal/mol

$HCOOH$　$\Delta H^\circ = -0.01$ kcal/mol

HBO_3　$\Delta H^\circ = +3.4$ kcal/mol

平衡定数に対する温度の影響は，絶対温度 T による ΔH° の関数として表されることからもわかる．

$$\overline{K} = Ae^{\frac{-\Delta H^\circ}{RT}}$$

1-2-3 溶媒の影響

酢酸の解離定数は有機溶媒が加わると減少する．

分子のクーロン力（＋と－の粒子の引き合う力）は誘電率 ε により影響される．

$$f = \frac{q^+q^-}{\varepsilon r^2}$$

f はクーロン力，q^+，q^- は電荷量（電荷の強さ），r は q^+ と q^- 間の距離を表す．

ε が小さくなればクーロン力 f は上昇することから，分子の解離は減少することになる．

	誘電率 ε	K
水	78.5	2×10^{-5}
メタノール	32.6	5×10^{-10}
エタノール	24.3	5×10^{-11}

1-3 平衡定数を熱力学的に考える

粒子の運動のエネルギーはニュートン力学で考えることができる.

このとき,粒子の平衡状態とは,最も低いエネルギー状態のことである.

ex) 高いところから物質（粒子）を落とすと地面に落ちたところが平衡状態になる．途中では止まらないため，最も低いエネルギーのところで静止することになる.

これに対して多数の粒子（アボガドロ数 6×10^{23} 個）からなる粒子の運動は，力学的な考え方に，さらに熱力学的概念を導入する．すなわち「乱雑さ」である「エントロピー」が加わる.

熱
圧力
濃度
} 変化（平衡に達する変化）→ 粒子の集団の変化 → 熱力学で考える

この場合，平衡状態は最も低いエネルギー状態にはならない.

ex) ① 100℃の水と 10℃の水を混合すると 10℃にならない.

② 水とアルコールを 1 mol ずつ混ぜると適当に分散したところで止まる．1 カ所にかたよらない，また元には戻らない.

熱力学的にエネルギーを考えた場合，粒子のエネルギー E はギブズ（自由）エネルギー（Gibbs free energy；G）で表される.

$$G = H - TS$$

H：エンタルピー（圧力一定での位置や運動エネルギー）

S：エントロピー（乱雑さの程度）S に T をかけるとエネルギーの次元になる.

T：絶対温度

例えば，$\mathrm{A + B \underset{V_2}{\overset{V_1}{\rightleftharpoons}} C + D}$ の反応があるとする.

左辺を原系，右辺を生成系とする．平衡状態は，反応式の原系と生成系でのギブズ自由エネルギー G が等しい状態をいう（**図 1-1**）.

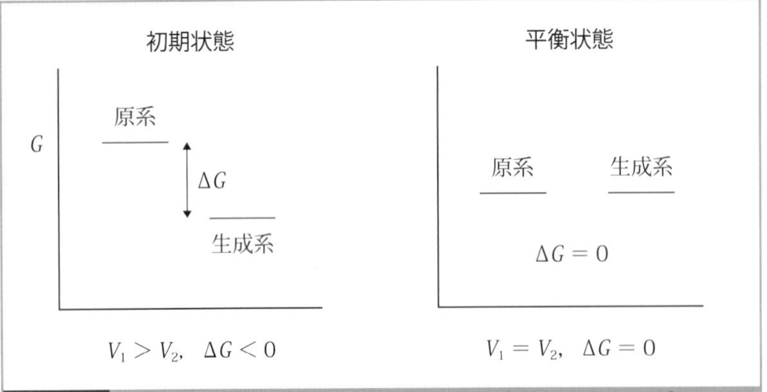

図 1-1 反応初期状態と平衡状態におけるギブズ自由エネルギー

原系と生成系のエネルギー G を $G=H-TS$ で各々示すと，エネルギー差は $\Delta G=G_{\mathrm{final}}-G_{\mathrm{initial}}$ で示される．ただし，final は生成系，initial は原系を意味する．エンタルピー，エントロピーを代入すると，

$$\Delta G = \Delta H - T\Delta S \ (G_{\mathrm{initial}} > G_{\mathrm{final}})$$

となる．

$\Delta G < 0$，つまり，ΔG が負の値を示すとき，反応は右に進行し，速度は $V_1 > V_2$ になる．

$\Delta G=0$ のとき，平衡を意味し $V_1= V_2$ である．

1-3-1 熱力学的に平衡定数を導く

化学ポテンシャル μ は化学種 1 mol あたりの自由エネルギーである．化学種 i の標準状態（物質 1 mol）での化学ポテンシャルを標準化学ポテンシャル μ_i° としたとき，化学種 i の活量 a_i は標準状態からの化学ポテンシャルの差から，次式で定義する．

$$a_i = \exp\frac{(\mu_i - \mu^\circ)}{RT}$$

この式は以下のように変形すると，

$$a_i = e^{\frac{(\mu_i - \mu^\circ)}{RT}}$$

$$\frac{(\mu_i - \mu^\circ)}{RT} = \ln a_i$$

$$\mu_i = \mu^\circ + RT\ln a_i$$

となる．

次に，一般的な平衡を考える．

$$a\mathrm{A} + b\mathrm{B} + \cdots \rightleftharpoons p\mathrm{P} + q\mathrm{Q} + \cdots$$

このとき，ギブズ自由エネルギーΔGは，

$$\Delta G = (p\mu_P + q\mu_Q)_{final} - (a\mu_A + b\mu_B)_{initial}$$

これに$\mu_i = \mu^\circ + RT \ln a_i$を代入すると，

$$\begin{aligned}\Delta G &= \{p(\mu_P{}^\circ + RT\ln a_P) + q(\mu_Q{}^\circ + RT\ln a_Q)\}_{final} \\ &\quad - \{a(\mu_A{}^\circ + RT\ln a_A) + b(\mu_B{}^\circ + RT\ln a_B)\}_{initial} \\ &= (p\mu_P{}^\circ + q\mu_Q{}^\circ)_{final} - (a\mu_A{}^\circ + b\mu_B{}^\circ)_{initial} \\ &\quad + RT\ln\frac{(a_P)^p\,(a_Q)^q}{(a_A)^a\,(a_B)^b}\end{aligned}$$

これに，質量作用の法則の式$\overline{K} = \dfrac{(a_P)^p\,(a_Q)^q}{(a_A)^a\,(a_B)^b}$，$\Delta G^\circ = (p\mu_P{}^\circ + q\mu_Q{}^\circ)_{final}$ $-(a\mu_A{}^\circ + b\mu_B{}^\circ)_{initial}$を代入すると，

$$\Delta G = \Delta G^\circ + RT\ln\overline{K}$$

←活量aの式であるため，熱力学的平衡定数$\overline{K}$を代入

となる．

平衡状態は$\Delta G = 0$であるから，

$$0 = \Delta G^\circ + RT\ln\overline{K}$$

$$\Delta G^\circ = -RT\ln\overline{K} \longrightarrow \ln\overline{K} = -\frac{\Delta G^\circ}{RT}$$

$$\boxed{\overline{K} = e^{-\frac{\Delta G^\circ}{RT}}}$$

常用対数で表すと，

$$2.303\log\overline{K} = -\frac{\Delta G^\circ}{RT}$$

$$\log\overline{K} = -\frac{\Delta G^\circ}{2.303RT}$$

$$\boxed{\overline{K} = 10^{-\frac{\Delta G^\circ}{2.303RT}}}$$

$\overline{K}$をエンタルピーとエントロピーで表すと，以下のようになる．

$G = H - TS$から，

$\Delta G^\circ = \Delta H^\circ - T\Delta S^\circ$を$\Delta G^\circ = -RT\ln\overline{K}$に代入すると，

$$\Delta H^\circ - T\Delta S^\circ = -RT\ln\overline{K}$$

$$\overline{K} = e^{-\frac{\Delta H^\circ}{RT}}\,e^{\frac{\Delta S^\circ}{R}}$$ となり，

ここで，$e^{\frac{\Delta S^\circ}{R}}$は一定とみなして$A$で表すと，

$$\boxed{\overline{K} = e^{-\frac{\Delta H^\circ}{RT}}A}$$ となる．

まとめ　K

平衡定数の表し方をまとめると以下のようになる．

1．濃度で表す

$$K = \frac{[\mathrm{P}]^p[\mathrm{Q}]^q}{[\mathrm{A}]^a[\mathrm{B}]^b}$$

2．自由エネルギーで表す

$\overline{K} = \mathrm{e}^{-\frac{\Delta G^\circ}{RT}}$．常用対数で表すと $\overline{K} = 10^{-\frac{\Delta G^\circ}{2.303RT}}$

3．エンタルピーを用いると，

$\overline{K} = \mathrm{e}^{-\frac{\Delta H^\circ}{RT}}\mathrm{e}^{\frac{\Delta S^\circ}{R}}$　または　$\overline{K} = \mathrm{e}^{-\frac{\Delta H^\circ}{RT}}\mathrm{A}$

1-4 化学種

化学種には分子種とイオン種がある．

ex 1) HCl（強電解質）

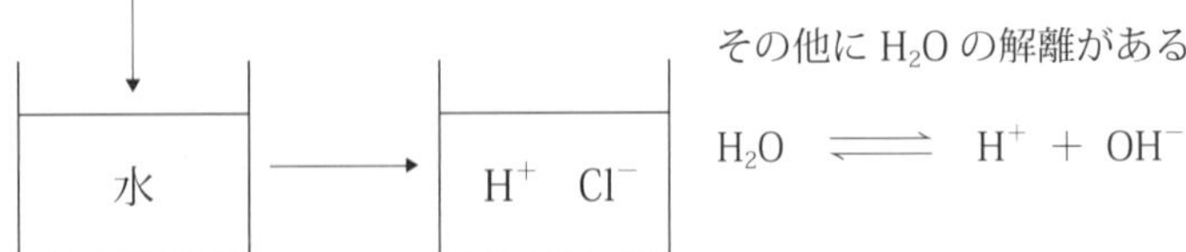

HCl 水溶液のイオン種　H^+，Cl^-，OH^-

$HCl \longrightarrow H^+ + Cl^-$　ほぼ 100％解離

↓
0 になる

質量作用の法則は強電解質には適用できない．

なぜなら，

$$K = \frac{[H^+][Cl^-]}{[HCl]}$$

において，分母の［HCl］がゼロになるので，K は∞になるためである．

ex 2) CH_3COOH（弱電解質）

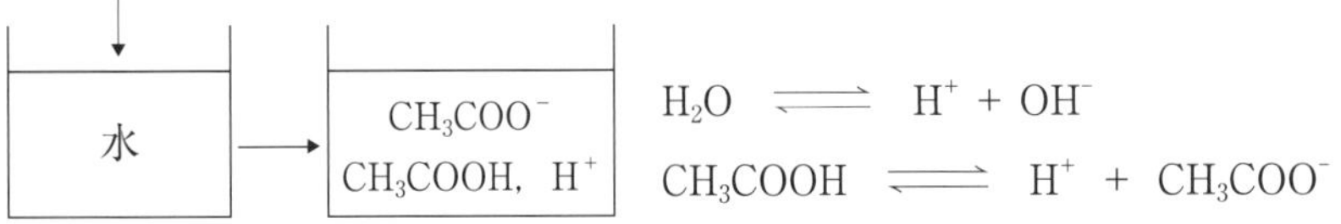

CH_3COOH の一部分が解離.

CH_3COOH 水溶液の化学種は,

イオン種：CH_3COO^-，H^+，OH^-

分子種：CH_3COOH（未解離，一般には分子種に電荷はない）

$$K = \frac{[H^+][CH_3COO^-]}{[CH_3COOH]}$$ が成り立つ.

ここで水の解離について考える.

$$H_2O \rightleftharpoons H^+ + OH^-$$

水の濃度（mol/L）は,

H_2O の分子量 = 18(g/mol)

$$1000\ \text{mL の水} \longrightarrow 1000\ \text{g/L} \longrightarrow \frac{1000\ \text{g/L}}{18\ \text{g/mol}} = 55.4\ \text{mol/L}$$ に相当する.

↑ 水の密度 $d = 1(\text{g/cm}^3 = \text{g/mL})$

$\alpha = 2 \times 10^{-9}$　とすると,

$$[H^+] = [OH^-] = C\alpha \quad \text{であるから,}$$
$$= 55.4\ \text{mol/L} \times 2 \times 10^{-9}$$
$$= 1.1 \times 10^{-7}\ \text{mol/L}$$

これらの値を質量作用の法則の式に代入すると,

$$K = \frac{[H^+][OH^-]}{[H_2O]} = \frac{(1.1 \times 10^{-7})^2}{55.4}$$

↓

$(55.4 - 1.1 \times 10^{-7})$ であるが，ほぼ55.4 mol/Lである.

→ほとんど変化がない，一定と考え，左辺に移す.

$$K[H_2O] = [H^+][OH^-]$$

$K[H_2O] = K_w$ とすると,

$$K_w = (1.1 \times 10^{-7})^2$$
$$= 1.2 \times 10^{-14} \fallingdotseq 1 \times 10^{-14}$$

$$\boxed{K_w = [H^+][OH^-] = 1 \times 10^{-14}}$$ の式が導かれる.

ex 3）0.1 mol/L の H_3PO_4 水溶液の化学種

$H_3PO_4 + H_2O \rightleftharpoons H_2PO_4^- + H_3O^+$　（H_2O に×印：省略）　H_2O は一定とみなし省略する.

↓（H_3O^+ → H^+）

$H_3PO_4 \rightleftharpoons H_2PO_4^- + H^+$

$H_2PO_4^- \rightleftharpoons HPO_4^{2-} + H^+$

$HPO_4^{2-} \rightleftharpoons PO_4^{3-} + H^+$

$H_2O \rightleftharpoons H^+ + OH^-$

イオン種：$H_2PO_4^-$，HPO_4^{2-}，PO_4^{3-}，H^+，OH^-

分子種：H_3PO_4

H_2O も分子種であるが，一定とみなし，一般に分子種に加えない.

1-5　質量均衡式と電荷均衡式

pH を求める式を立てるには，重要な 2 つの式がある．それは質量均衡式と電荷均衡式である．

1-5-1 質量均衡（mass balance）式

質量均衡式は，イオン種や分子種の和は元の濃度に等しいことを表している．

ex 1）$HCl \xrightarrow{100\%} H^+ + Cl^-$

HCl 0.1 mol/L → 0，H^+ 0.1 mol，Cl^- 0.1 mol

$H_2O \rightleftharpoons H^+ + OH^-$

1×10^{-7} mol/L（H^+，×で消去）　1×10^{-7} mol/L

HCl から生じる H^+ が 0.1 mol と極端に大きいため，水からの H^+ の 1×10^{-7} mol/L を無視することができる．

↓

0.1 mol/L ≒［H^+］と考えることができる．

正式には，

0.1 mol/L ＝［Cl^-］

となる．

ex 2）$CH_3COOH \rightleftharpoons CH_3COO^- + H^+$　　$H_2O \rightleftharpoons H^+ + OH^-$

元の濃度 0.1 mol/L

0.1 mol/L ＝［CH_3COO^-］＋［CH_3COOH］

↑ 解離したイオン種（［CH_3COO^-］）

↑ 解離していない．分子種はまだ残っている．（［CH_3COOH］）

ここでは，［CH_3COO^-］を［H^+］に代えて，

~~0.1 mol/L ＝［H^+］＋［CH_3COOH］~~ のように書くことはできない．

なぜなら，

溶液中の［H^+］には H_2O の解離からの［H^+］も加わり，［CH_3COO^-］よりも大きい値になっている．→ 質量均衡式には［H^+］は関係しない．

ex 3）0.1 mol/L H_2CO_3 の質量均衡式

$H_2CO_3 + \cancel{H_2O} \rightleftharpoons HCO_3^- + H_3O^+$（$H_3O^+$ → H^+）

省略 →

反応式には加えるが電荷・質量均衡式には加えない

$\boxed{H_2CO_3} \rightleftharpoons HCO_3^- + H^+$

$HCO_3^- \rightleftharpoons CO_3^{2-} + H^+$

$H_2O \rightleftharpoons \textcircled{H^+} + OH^-$

→ 水の解離による$[H^+]$を加えてしまうと元の濃度より増えてしまう．
→ $[H^+]$ は関係しない．

$$0.1\ \mathrm{mol/L} = [HCO_3^-] + [CO_3^{2-}] + [H_2CO_3]$$

ex 4) C mol/L の Na_2HPO_4 水溶液の質量均衡式

×2

1 mol　　2 mol → 1 mol の Na_2HPO_4 から 2 mol の Na^+が生じると考える．

$$Na_2HPO_4 \xrightarrow{100\%} 2Na^+ + HPO_4^{2-}$$

$HPO_4^{2-} + H_2O \rightleftharpoons H_2PO_4^- + OH^-$
$H_2PO_4^- + H_2O \rightleftharpoons H_3PO_4 + OH^-$
（塩基性として働く）

$HPO_4^{2-} \rightleftharpoons PO_4^{3-} + H^+$ → 酸性として働く

（両性イオン）

$H_2O \rightleftharpoons H^+ + OH^-$

$$C = [HPO_4^{2-}] + [H_2PO_4^-] + [H_3PO_4] + [PO_4^{3-}]$$
$$C = \frac{1}{2}[Na^+]$$

ここで，$[Na^+]$ の全濃度は $2 \times C$ mol に相当するから，

$C = \frac{1}{2}[Na^+]$ とする．
↑
$2C$ に相当
元の濃度に等しくするためには，$[Na^+]$ を係数 2 で割る

1-5-2 電荷均衡（charge balance）式

電荷均衡式は，電気的に中性な式であり，すべての水溶液は電気的に中性である．その水溶液中に存在するすべての陽イオンの総和は陰イオンの総和に等しいことを表している．

$$\Sigma(\text{陽イオン}) = \Sigma(\text{陰イオン})$$

ex 1) $HCl \longrightarrow H^+ + Cl^-$

$H_2O \rightleftharpoons H^+ + OH^-$

陽イオンの総和

$[H^+]$	$=$	$[Cl^-]$	$+$	$[OH^-]$

（HCl と H_2O から生じる H^+）　（HCl からの Cl^-）　（H_2O からの OH^-）

ex 2)　$CH_3COOH \rightleftharpoons H^+ + CH_3COO^-$

$H_2O \rightleftharpoons H^+ + OH^-$

$$[H^+] = [CH_3COO^-] + [OH^-]$$

$[H^+]$ は CH_3COOH と H_2O から生じる H^+ の合計

未解離の CH_3COOH は中性であるため，電荷均衡式には加えない．

ex 3)　H_3PO_4 の電荷均衡式

中性な化学種
↑

$H_3PO_4 \rightleftharpoons H_2PO_4^- + (H^+)$

$H_2PO_4^- \rightleftharpoons HPO_4^{2-} + (H^+)$

$HPO_4^{2-} \rightleftharpoons PO_4^{3-} + (H^+)$

$H_2O \rightleftharpoons (H^+) + OH^-$

全 (H^+) の合計

HPO_4^{2-} になるまでに 2 個の H^+ を放出しているので，力としては 2 倍，PO_4^{3-} は 3 個の H^+ を放出してきたので，3 倍の力があると考える．

$$[H^+] = [H_2PO_4^-] + 2[HPO_4^{2-}]^{*} + 3[PO_4^{3-}]^{**} + [OH^-]$$

＊　2 価の化学種は 2 倍の力で $[H^+]$ を放出すると考えて 2 倍する．

＊＊ 3 価の化学種は 3 倍の力で $[H^+]$ を放出するので 3 倍する．

ex 4)　Na_2HPO_4 の電荷均衡式

$Na_2HPO_4 \longrightarrow 2Na^+ + HPO_4^{2-}$

$HPO_4^{2-} + H_2O \rightleftharpoons H_2PO_4^- + OH^-$

$H_2PO_4^- + H_2O \rightleftharpoons H_3PO_4 + OH^-$

$HPO_4^{2-} \rightleftharpoons PO_4^{3-} + H^+$

$H_2O \rightleftharpoons H^+ + OH^-$

$$[H^+] + [Na^+] = [H_2PO_4^-] + 2[HPO_4^{2-}] + 3[PO_4^{3-}] + [OH^-]$$

まとめ　質量均衡式と電荷均衡式

解離式と化学種を書く.

・質量均衡式

① 質量均衡式は H_2O の解離を含めない

② 電荷の価数は関係しない

③ 濃度は解離で生じた化学種の係数（モル数）で割る

・電荷均衡式

① 電荷均衡式は H_2O の解離を加える

② 分子種（中性）は加えない

③ 係数（モル数）は関係しない

④ 濃度は電荷の価数で倍する

1-5-3 質量均衡式を数値（分子の数）で表す

元の分子が100個あるとし，解離するイオンに適当な数値を割り当てて計算してみる.

① 100分子の CH_3COOH を水に溶かした場合

元の量は100個，解離しなかった分子70個，解離したイオン30個と仮定する.

$$CH_3COOH \rightleftharpoons CH_3COO^- + H^+$$

(100 − 30)　(30)　(30)

[元の量] = [未解離の分子] + [解離したイオン] と式を立てて,

[100] = [70] + [30]

つまり　100 = $[CH_3COOH] + [CH_3COO^-]$ となる.

② 100分子の H_3PO_4

$$H_3PO_4 \rightleftharpoons H_2PO_4^- + H^+$$

(100 − 70) = 30　(70)　(70)

$$H_2PO_4^- \rightleftharpoons HPO_4^{2-} + H^+$$

(70 − 30) = 40　(30)　(30)

$$HPO_4^{2-} \rightleftharpoons PO_4^{3-} + H^+$$

(30 − 10) = 20　(10)　(10)

［元の量］＝［未解離の分子］＋［解離したイオン］

$\therefore$ 100 ＝ $[H_3PO_4]$ ＋ $[H_2PO_4^-]$ ＋ $[HPO_4^{2-}]$ ＋ $[PO_4^{3-}]$

［100］＝［30］＋［40］＋［20］＋［10］

③ 100 分子の Na_2HPO_4

$$\underset{(100 \rightarrow 0)}{Na_2HPO_4} \longrightarrow \underset{(200)}{2Na^+} + \underset{(100)}{HPO_4^{2-}}$$

$$\underset{(100-70)=30}{HPO_4^{2-}} + H_2O \rightleftharpoons \underset{(70)}{H_2PO_4^-} + \underset{(70)}{OH^-}$$

$$\underset{(70-30)=40}{H_2PO_4^-} + H_2O \rightleftharpoons \underset{(30)}{H_3PO_4} + \underset{(30)}{OH^-}$$

$$\underset{(30-20)=10}{HPO_4^{2-}} \rightleftharpoons \underset{(20)}{PO_4^{3-}} + \underset{(20)}{H^+}$$

元の量＝ $1/2[Na^+]$

［元の量］＝［解離してできたイオン］＋［解離してできた分子］

$$[100] = \frac{1}{2}[200] = [10] + [40] + [30] + [20]$$

$$\therefore 100 = \frac{1}{2}[Na^+] = [HPO_4^{2-}] + [H_2PO_4^-] + [H_3PO_4] + [PO_4^{3-}]$$

1-5-4 電荷均衡式を数値（分子の数）で表す

① 100 分子の HCl

$$\underset{(100 \rightarrow 0)}{HCl} \longrightarrow \underset{(100)}{H^+} + \underset{(100)}{Cl^-}$$

$$H_2O \rightleftharpoons \underset{(5)}{H^+} + \underset{(5)}{OH^-}$$

電荷均衡のときは水の解離を忘れないこと！

陽イオンの合計＝陰イオンの合計

$[H^+]$ ＝ $[Cl^-]$ ＋ $[OH^-]$

［100］＋［5］＝［100］＋［5］→ 105 ＝ 105

② 100分子の CH_3COOH

$$CH_3COOH \rightleftharpoons CH_3COO^- + H^+ \qquad H_2O \rightleftharpoons H^+ + OH^-$$

$$(100-30) \qquad (30) \qquad (30) \qquad\qquad (5) \qquad (5)$$

$$[H^+] = [CH_3COO^-] + [OH^-]$$

$$[30] + [5] = [30] + [5]$$

$$35 = 35$$

③ 100分子の H_3PO_4

$$[H^+] = [H_2PO_4^-] + 2[HPO_4^{2-}] + 3[PO_4^{3-}] + [OH^-]$$

$$[70] + [30] + [10] + [5] = [40] + 2 \times [20] + 3 \times [10] + [5]$$

$$115 = 115$$

($H_2O \rightleftharpoons H^+$ (5) + OH^- (5) を加える)

④ 100分子の Na_2HPO_4

$$[Na^+] + [H^+] = 2[HPO_4^{2-}] + [H_2PO_4^-] + 3[PO_4^{3-}] + [OH^-]$$

$$[200] + [20] + [5] = 2 \times [10] + [40] + 3 \times [20] + [70] + [30] + [5]$$

$$225 = 225$$

($H_2O \rightleftharpoons H^+$ (5) + OH^- (5) を加える)

1-6 酸塩基平衡反応

1-6-1 酸塩基の定義

1. アレニウスの定義

酸 ⟶ H^+を与える

塩基 ⟶ OH^-を与える

2. ブレンステッド-ローリーの定義

酸 ⟶ H^+を与える

塩基 ⟶ H^+を受けとる

3. ルイスの定義

酸 ⟶ 非共有電子対を受け入れる

塩基 ⟶ 非共有電子対を与える

1-6-2 酸・塩基の強さ

1. H^+，OH^-の授受で表す場合

酸の強さ　→ H^+を与える力が大きいほど　→ 強い酸である

塩基の強さ → H^+を受けとる力が大きいほど　→ 強い塩基である

→ OH^-を放出する力が大きいほど → 強い塩基である

2. 共役酸塩基対による酸・塩基の強さ

弱酸なので H^+を与える力が弱い

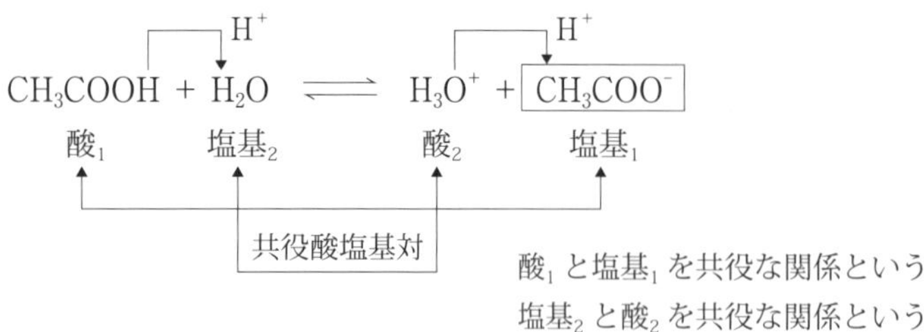

酸$_1$と塩基$_1$を共役な関係という

塩基$_2$と酸$_2$を共役な関係という

CH_3COO^-は H^+をもらう力が大きいので，←（左向き反応）が大きくなり，酸$_1$の解離は小さくなる．すなわち弱い酸となる．

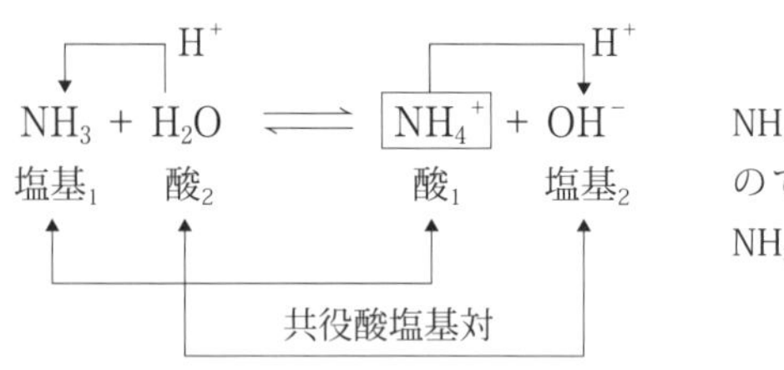

NH_4^+から H^+を与える力は大きいので，←へ移動することになり NH_3は弱い塩基となる．

酢酸とアンモニアの酸・塩基の強さは共役酸塩基対により，以下のように表現することができる．

酢酸 →	共役な塩基$_1$の力が強い →	酢酸の酸性度が弱い
アンモニア →	共役な酸$_1$の力が強い →	アンモニアの塩基性度が弱い

1-6-3 溶媒の水平効果

1. 強酸の場合

水の中では酸の強さがすべて等しくなることを水平効果という（図 1-2）．

0.1 mol/L の $HClO_4$，HCl，HNO_3 を本来の酸の強さで比べれば，$HClO_4$ > HCl > HNO_3 となる．

しかし，水に溶かすとすべて pH = 1 になり，酸の強さは等しくなる．

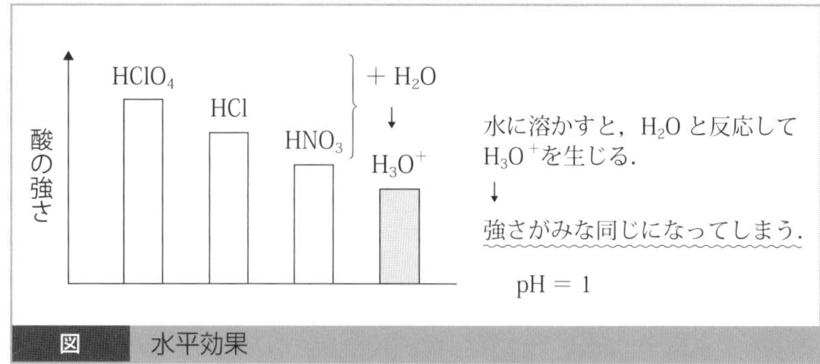

図　水平効果

2. 弱酸の場合

酢酸水溶液中でも H_3O^+ は生じるが，この場合は一部のみで，あとは CH_3COOH として存在する．

弱酸，弱塩基の場合は，酸や塩基の強さは K_a と K_b で表される．

弱酸　⟶ K_a ↑ ⟶ 酸が強くなる

弱塩基 ⟶ K_b ↑ ⟶ 塩基性が強くなる

↑は大きい
↓は小さいを表す

1-6-4 K と K_a の関係

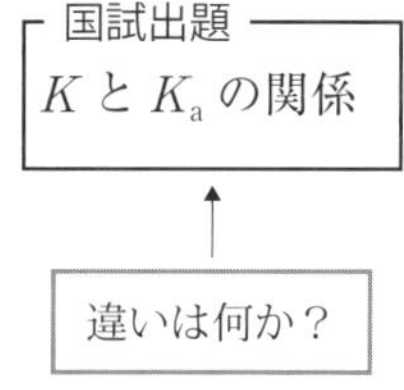

1. 酢酸の場合

酢酸は水と反応して H_3O^+ を生じる．

$$CH_3COOH + H_2O \rightleftharpoons H_3O^+ + CH_3COO^-$$

$$K = \frac{[H_3O^+][CH_3COO^-]}{[CH_3COOH]\boxed{[H_2O]}}$$

$[H_2O]$ ── 55.4 mol/L
大きすぎて変化なし

左辺へ

$$K[H_2O] = \frac{[CH_3COO^-][H_3O^+]}{[CH_3COOH]} = K_a$$

$\boxed{\boldsymbol{K[H_2O] = K_a}}$　とする．　　a は acid，酸を意味する．

以下 $H_3O^+ = H^+$ と略す．

2. アンモニアの場合

$$NH_3 + H_2O \rightleftharpoons NH_4^+ + OH^-$$

$$K = \frac{[NH_4^+][OH^-]}{[NH_3]\boxed{[H_2O]}}$$

左辺へ

$$K[H_2O] = \frac{[NH_4^+][OH^-]}{[NH_3]} = K_b$$

$\boxed{\boldsymbol{K[H_2O] = K_b}}$　とする．　　b は base，塩基を意味する．

K_a ↑または K_b ↑ ⟶ 酸が強い，または塩基が強いことを示す．

1-6-5 pK_a と pK_b

pK_a = −log K_a，pK_b = −log K_b で表される．したがって，

pK_a ↓または pK_b ↓ ⟶ 酸性が強い，または塩基性が強いことを示す．

1-6-6 共役な K_a と K_b の関係

ex 1) $HA \rightleftharpoons H^+ + A^-$ の解離

$$K_a = \frac{[H^+][A^-]}{[HA]}$$

このときの共役な塩基 A^- は水と反応して

$$A^- + H_2O \rightleftharpoons HA + OH^-$$

$$\underset{(K[H_2O])}{K_b} = \frac{[HA][OH^-]}{[A^-]}$$

$$K_a \times K_b = \frac{[H^+]\cancel{[A^-]}}{\cancel{[HA]}} \times \frac{\cancel{[HA]}[OH^-]}{\cancel{[A^-]}} = [H^+][OH^-] = K_w$$

> K_w を導くためには，塩基の反応に OH^- が関与する解離式を用いることがポイント

共役な酸と塩基の K_a と K_b の積は K_w となる． ← 導けるように！

w は water を意味する．

$K_a \times K_b = K_w = 1 \times 10^{-14}$ の関係がある．

ex 2) H_2CO_3

$$H_2CO_3 \underset{K_{b_2}}{\overset{K_{a_1}}{\rightleftharpoons}} H^+ + HCO_3^-$$

$$HCO_3^- \underset{K_{b_1}}{\overset{K_{a_2}}{\rightleftharpoons}} H^+ + CO_3^{2-}$$

H_2CO_3 の場合は，$K_{a_1} \times K_{b_2} = K_w$，$K_{a_2} \times K_{b_1} = K_w$ ということになる（1-6-7 項参照）．

1-6-7 解離式と平衡定数の番号付け

(1) 0.1 mol/L H_2CO_3 の解離

$$H_2CO_3 \overset{K_{a_1}}{\rightleftharpoons} H^+ + HCO_3^-$$

$$HCO_3^- \overset{K_{a_2}}{\rightleftharpoons} H^+ + CO_3^{2-}$$

$$H_2O \rightleftharpoons H^+ + OH^-$$

イオン種：HCO_3^-，CO_3^{2-}，H^+，OH^-　　分子種：H_2CO_3

$$K_{a_1} = \frac{[H^+][HCO_3^-]}{[H_2CO_3]},\quad K_{a_2} = \frac{[H^+][CO_3^{2-}]}{[HCO_3^-]}$$

0.1 mol/L = $[HCO_3^-] + [CO_3^{2-}] + [H_2CO_3]$ ……質量均衡式

$[H^+] = [HCO_3^-] + 2[CO_3^{2-}] + [OH^-]$ ……電荷均衡式

(2) 0.1 mol/L $NaH_2PO_4 \longrightarrow Na^+ + H_2PO_4^-$ ← 平衡は成り立たない．100%解離する．なぜなら塩であるから．

酸として

$$\begin{cases} H_2PO_4^- \underset{K_{b_2}}{\overset{K_{a_2}}{\rightleftharpoons}} H^+ + HPO_4^{2-} \\ HPO_4^{2-} \underset{K_{b_1}}{\overset{K_{a_3}}{\rightleftharpoons}} H^+ + PO_4^{3-} \end{cases}$$

塩基として $H_2PO_4^- + H_2O \underset{K_{a_1}}{\overset{K_{b_3}}{\rightleftharpoons}} H_3PO_4 + OH^-$

$$K_{a_2} = \frac{[HPO_4^{2-}][H^+]}{[H_2PO_4^-]},\quad K_{a_3} = \frac{[H^+][PO_4^{3-}]}{[HPO_4^-]},\quad K_{b_3} = \frac{[H_3PO_4][OH^-]}{[H_2PO_4^-]}$$

または $K_{a_1} = \dfrac{[H_2PO_4^-][H^+]}{[H_3PO_4]}$

$$\left.\begin{aligned} 0.1\ \text{mol/L} &= [Na^+] \\ &= [H_2PO_4^-] + [HPO_4^{2-}] + [PO_4^{3-}] + [H_3PO_4] \end{aligned}\right\}\text{質量均衡式}$$

$[Na^+] + [H^+] = [H_2PO_4^-] + 2[HPO_4^{2-}] + 3[PO_4^{3-}] + [OH^-]$

……電荷均衡式

(3) H_3PO_4 の K_a，K_b の番号付け

$H_3PO_4 \underset{K_{b_3}}{\overset{K_{a_1}}{\rightleftharpoons}} H_2PO_4^- + H^+$ ⋯▸ K_{a_1} と K_{b_3} → 共役な関係

$H_2PO_4^- \underset{K_{b_2}}{\overset{K_{a_2}}{\rightleftharpoons}} HPO_4^{2-} + H^+$ ⋯▸ K_{a_2} と K_{b_2} → 共役な関係

$HPO_4^{2-} \underset{K_{b_1}}{\overset{K_{a_3}}{\rightleftharpoons}} PO_4^{3-} + H^+$ ⋯▸ K_{a_3} と K_{b_1} → 共役な関係

H^+を最初に放出する力を K_{a_1} とする．
逆に H^+を最初に受容する力を K_{b_1} とする．
その後は順に K_{a_2}，K_{a_3}……K_{a_i} または K_{b_2}，K_{b_3}……K_{b_i} とする．
したがって，共役関係式を次のように表すことができる．

$$K_{a_1} \times K_{b_3} = K_w,\quad K_{a_2} \times K_{b_2} = K_w,\quad K_{a_3} \times K_{b_1} = K_w$$

リン酸の電荷・質量均衡式は 1-5-2 項，1-5-3 項を参照のこと．

演習問題

問題 1 化学平衡定数に影響する因子を述べなさい．

問題 2 弱酸の解離は以下のように行われる．濃度 C(mol/L) における電離度を α とするとき，解離定数 K を算出する式を導きなさい．

$$HA \rightleftharpoons H^+ + A^-$$

問題 3　次の水溶液について質量作用の法則の式（書けないものも含まれている），質量均衡式，電荷均衡式を書きなさい．

(1) 0.1 mol/L HNO_3
(2) 0.1 mol/L $(NH_4)HS$
(3) 0.1 mol/L Na_2CO_3
(4) 0.1 mol/L NaH_2PO_4
(5) 0.1 mol/L $NaHCO_3$
(6) 0.1 mol/L KF
(7) 0.1 mol/L CH_3COOH
(8) 0.1 mol/L HCN
(9) 0.1 mol/L NH_3
(10) 0.1 mol/L H_2SO_3

問題 4　アレニウス，ブレンステッド-ローリー，ルイスによる酸塩基の定義について述べなさい．

問題 5　$K_a \times K_b = K_w$ の式を導きなさい．

▶問題 3 の解説

質量作用の法則の式，質量均衡式，電荷均衡式

(1) 0.1 mol/L HNO_3

$$HNO_3 \longrightarrow H^+ + NO_3^-$$
$$H_2O \rightleftharpoons H^+ + OH^-$$

強酸のため，質量作用の法則は存在しない

$0.1 = [NO_3^-] \fallingdotseq [H^+]$　　$[H^+] = [NO_3^-] + [OH^-]$

(2) 0.1 mol/L $(NH_4)HS$

$$(NH_4)HS \longrightarrow NH_4^+ + HS^-$$
$$NH_4^+ \rightleftharpoons NH_3 + H^+$$
$$HS^- \rightleftharpoons S^{2-} + H^+$$
$$HS^- + H_2O \rightleftharpoons H_2S + OH^-$$
$$H_2O \rightleftharpoons H^+ + OH^-$$

$$K_a = \frac{[NH_3][H^+]}{[NH_4^+]},\quad K_{a_1} = \frac{[HS^-][H^+]}{[H_2S]},\quad K_{a_2} = \frac{[S^{2-}][H^+]}{[HS^-]}$$

$0.1 = [NH_4^+] + [NH_3] = [HS^-] + [S^{2-}] + [H_2S]$

$[H^+] + [NH_4^+] = [HS^-] + 2[S^{2-}] + [OH^-]$

(3) 0.1 mol/L Na_2CO_3

$$Na_2CO_3 \longrightarrow 2Na^+ + CO_3^{2-}$$
$$CO_3^{2-} + H_2O \rightleftharpoons HCO_3^- + OH^-$$
$$HCO_3^- + H_2O \rightleftharpoons H_2CO_3 + OH^-$$
$$H_2O \rightleftharpoons H^+ + OH^-$$

$$K_{a_1} = \frac{[HCO_3^-][H^+]}{[H_2CO_3]} \text{ または } K_{b_2} = \frac{[OH^-][H_2CO_3]}{[HCO_3^-]}$$

$$K_{a_2} = \frac{[CO_3^{2-}][H^+]}{[HCO_3^-]} \text{ または } K_{b_1} = \frac{[OH^-][HCO_3^-]}{[CO_3^{2-}]}$$

$$0.1 = \frac{1}{2}[Na^+] = [CO_3^{2-}] + [HCO_3^-] + [H_2CO_3]$$

$$[H^+] + [Na^+] = 2[CO_3^{2-}] + [HCO_3^-] + [OH^-]$$

(4) 0.1 mol/L NaH_2PO_4

$$NaH_2PO_4 \longrightarrow Na^+ + H_2PO_4^-$$

$$H_2PO_4^- \rightleftharpoons H^+ + HPO_4^{2-}$$

$$HPO_4^{2-} \rightleftharpoons H^+ + PO_4^{3-}$$

$$H_2PO_4^- + H_2O \rightleftharpoons H_3PO_4 + OH^-$$

$$H_2O \rightleftharpoons H^+ + OH^-$$

$$K_{a_1} = \frac{[H^+][H_2PO_4^-]}{[H_3PO_4]} \text{ または } K_{b_3} = \frac{[H_3PO_4][OH^-]}{[H_2PO_4^-]}$$

$$K_{a_2} = \frac{[HPO_4^{2-}][H^+]}{[H_2PO_4^-]}, \quad K_{a_3} = \frac{[PO_4^{3-}][H^+]}{[HPO_4^{2-}]}$$

$$0.1 = [Na^+] = [H_2PO_4^-] + [H_3PO_4] + [HPO_4^{2-}] + [PO_4^{3-}]$$

$$[H^+] + [Na^+] = [H_2PO_4^-] + 2[HPO_4^{2-}] + 3[PO_4^{3-}] + [OH^-]$$

(5) 0.1 mol/L $NaHCO_3$

$$NaHCO_3 \longrightarrow Na^+ + HCO_3^-$$

$$HCO_3^- \rightleftharpoons H^+ + CO_3^{2-}$$

$$HCO_3^- + H_2O \rightleftharpoons H_2CO_3 + OH^-$$

$$H_2O \rightleftharpoons H^+ + OH^-$$

$$K_{a_1} = \frac{[HCO_3^-][H^+]}{[H_2CO_3]} \text{ または } K_{b_2} = \frac{[H_2CO_3][OH^-]}{[HCO_3^-]}$$

$$K_{a_2} = \frac{[CO_3^{2-}][H^+]}{[HCO_3^-]}$$

$$0.1 = [Na^+] = [HCO_3^-] + [H_2CO_3] + [CO_3^{2-}]$$

$$[H^+] + [Na^+] = [HCO_3^-] + 2[CO_3^{2-}] + [OH^-]$$

(6) 0.1 mol/L KF

$$KF \longrightarrow K^+ + F^-$$

$$F^- + H_2O \rightleftharpoons HF + OH^-$$

$$H_2O \rightleftharpoons H^+ + OH^-$$

$$0.1 = [K^+] = [F^-] + [HF]$$

$$[H^+] + [K^+] = [F^-] + [OH^-]$$

$$K_b = \frac{[HF][OH^-]}{[F^-]} \text{ または } K_a = \frac{[F^-][H^+]}{[HF]}$$

(7) 0.1 mol/L CH_3COOH

$$CH_3COOH \rightleftharpoons CH_3COO^- + H^+$$

$$H_2O \rightleftharpoons H^+ + OH^-$$

$$K_a = \frac{[CH_3COO^-][H^+]}{[CH_3COOH]}$$

$$0.1 = [CH_3COO^-] + [CH_3COOH]$$

$$[H^+] = [CH_3COO^-] + [OH^-]$$

(8) 0.1 mol/L HCN

$$HCN \rightleftharpoons H^+ + CN^-$$

$$H_2O \rightleftharpoons H^+ + OH^-$$

$$K_a = \frac{[H^+][CN^-]}{[HCN]}$$

$$0.1 = [CN^-] + [HCN]$$

$$[H^+] = [CN^-] + [OH^-]$$

(9) 0.1 mol/L NH_3

$$NH_3 + H_2O \rightleftharpoons NH_4^+ + OH^-$$

$$H_2O \rightleftharpoons H^+ + OH^-$$

$$K_b = \frac{[NH_4^+][OH^-]}{[NH_3]}$$

$$0.1 = [NH_3] + [NH_4^+]$$

$$[H^+] + [NH_4^+] = [OH^-]$$

(10) 0.1 mol/L H_2SO_3

$$H_2SO_3 \rightleftharpoons H^+ + HSO_3^-$$

$$HSO_3^- \rightleftharpoons H^+ + SO_3^{2-}$$

$$H_2O \rightleftharpoons H^+ + OH^-$$

$$K_{a_1} = \frac{[H^+][HSO_3^-]}{[H_2SO_3]},\quad K_{a_2} = \frac{[H^+][SO_3^{2-}]}{[HSO_3^-]}$$

$$0.1 = [H_2SO_3] + [HSO_3^-] + [SO_3^{2-}]$$

$$[H^+] = [HSO_3^-] + 2[SO_3^{2-}] + [OH^-]$$

1-7 酸と塩基の pH

pH は溶液の液性を表すために用いられるが，そのほかに，pH により物質の状態を把握することができる．薬物が生体に反応するとき，イオン形であるか，あるいは分子形であるかで，その効き方は大きく異なる．ここでは水素イオン濃度の算出方法を理解し，物質のイオン形と分子形の濃度を求める方法について学習する．

pH

・酸の強さを示す尺度

・pH = power of Hydrogen

・$[H^+]$ は値が小さいので対数で示す．

$$pH = -\log[H^+]$$

↓

活量 a_H では，

$$pH = -\log[a_H]$$

活量係数 γ_H とすると，$a_H = \gamma_H \times [H^+]$ なので，

$$pH = -\log([H^+] \times \gamma_H)$$

本来は活量で示すものであるが，通常は濃度を用いる．このような考え方を頭に入れておくことが重要！

$\gamma_H = 1$ とすると，

$$pH = -\log[H^+]$$

強酸の場合（HCl）

0.1 mol/L HCl ⟶ $pH = -\log 10^{-1}$，$pH = 1$

0.001 mol/L HCl ⟶ $pH = -\log 10^{-3}$，$pH = 3$

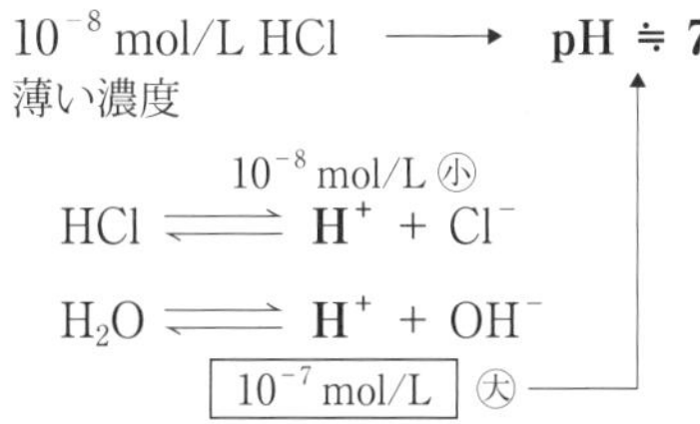

極端に希薄な濃度では，水の解離による H^+ の量も考えないといけない．ここでは H_2O の H^+ より HCl の H^+ のほうが小さい．（小）

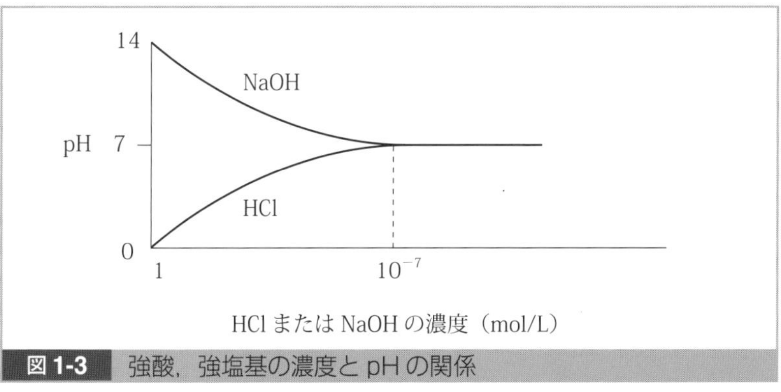

図 1-3 強酸，強塩基の濃度と pH の関係

HCl や NaOH を希釈していくと pH は限りなく pH 7 に近づくことになる．しかし，pH 7.0 にはならない（**図 1-3**）．

1-8 希薄な強酸・強塩基の pH

1×10^{-7} mol/L の HCl の pH はどのように算出するのか？

ポイント：**水の解離を無視しない ⇨ 電荷均衡式が必要になる．**

$$\mathrm{HCl} \longrightarrow \underset{}{\overset{1\times10^{-7}}{\mathrm{H^+}}} + \overset{1\times10^{-7}}{\mathrm{Cl^-}}$$

$$\mathrm{H_2O} \rightleftharpoons \mathrm{H^+} + \mathrm{OH^-}$$

水の解離を含む電荷均衡式に質量均衡式を代入する．

質量均衡式

1×10^{-7}
↓
C mol/L = $[\mathrm{Cl^-}]$は成立する

水からの$[\mathrm{OH^-}]$である．

電荷均衡式

$[\mathrm{H^+}] = [\mathrm{Cl^-}] + [\mathrm{OH^-}]$　水の影響を受けている式になる．

（$[\mathrm{H^+}]$ ← HCl と H_2O）

$[\mathrm{H^+}] = [\mathrm{Cl^-}] + [\mathrm{OH^-}]$

$[\mathrm{H^+}] = [\mathrm{Cl^-}] + [\mathrm{OH^-}]$　代入

$[\mathrm{Cl^-}] = 1 \times 10^{-7}$，$[\mathrm{OH^-}] = \dfrac{K_w}{[\mathrm{H^+}]}$

$$[\mathrm{H^+}] = 1 \times 10^{-7} + \frac{K_w}{[\mathrm{H^+}]}$$

$$[\mathrm{H^+}]^2 = 1 \times 10^{-7}[\mathrm{H^+}] + K_w$$

$[\mathrm{H^+}]^2 - 1 \times 10^{-7}[\mathrm{H^+}] - K_w = 0$ → 二次方程式になる．

$K_w = 1 \times 10^{-14}$

$$[\mathrm{H^+}] = \frac{1 \times 10^{-7} \pm \sqrt{1 \times 10^{-14} + 4 \times 10^{-14}}}{2}$$

$$[\mathrm{H^+}] = 1.6 \times 10^{-7}$$

$$\begin{aligned}\mathrm{pH} &= -\log\ (1.6 \times 10^{-7})\\ &= 8 - 4\log 2\\ &= 6.796\\ &= 6.8\end{aligned}$$

> 二次方程式の解
>
> $ax^2 + bx + c = 0$
>
> $x = \dfrac{-b \pm \sqrt{b^2 - 4ac}}{2a}$

1-9 弱酸と弱塩基の pH を求める

1-9-1 弱酸 CH_3COOH の pH を求める

C mol/L CH_3COOH の pH を質量均衡式，電荷均衡式を立てて求める．

CH_3COOH →（水）

$$CH_3COOH + H_2O \rightleftharpoons H_3O^+ + CH_3COO^-$$

H_3O^+ ↓ H^+ と略す

質量作用の法則

$$K_a = \frac{[H^+][CH_3COO^-]}{[CH_3COOH]} \quad \cdots①$$

電荷均衡式

$$[H^+] = [CH_3COO^-] + [OH^-] \quad \cdots②$$

質量均衡式

$$C = [CH_3COOH] + [CH_3COO^-] \quad \cdots③$$

質量均衡式と電荷均衡式を整理し，質量作用の法則の式に代入して$[H^+]$を求める．

pH の求め方

②と③を整理し，化学種を $[H^+]$，$[OH^-]$，C mol/L に置き換える．

電荷均衡式　$[CH_3COO^-] = [H^+] - [OH^-] \quad \cdots②'$

質量均衡式　$[CH_3COOH] = C - [CH_3COO^-]$

↓②'を代入する

$$[CH_3COOH] = C - ([H^+] - [OH^-]) \quad \cdots③'$$

次に②'と③'を K_a の式①に代入

$$K_a = \frac{[H^+]([H^+] - [OH^-])}{C - ([H^+] - [OH^-])}$$

ここで，$[H^+][OH^-] = K_w$ $(= 1 \times 10^{-14})$

$$[OH^-] = \frac{K_w}{[H^+]}$$ より，

$$K_a = \frac{[H^+]\left([H^+] - \dfrac{K_w}{[H^+]}\right)}{C - \left([H^+] - \dfrac{K_w}{[H^+]}\right)}$$

$[H^+]$について解けば pH が求められる ⟶ しかし，三次式になってしまう→複雑すぎる→近似する．

近似（1） 酸性だから，$[H^+] \gg [OH^-]$ になると仮定すると，

$[H^+] - [OH^-] \fallingdotseq [H^+]$になる

↑

一般に，$[H^+]$の5%$\gg[OH^-]$のとき近似可能

したがって，

> 有効数字２桁で計算するため，５％以下の場合は切り捨てる

$K_a = \dfrac{[H^+][H^+]}{C - [H^+]}$ に近似する→二次方程式になる→計算可能！

$$K_aC - K_a[H^+] = [H^+]^2$$
$$[H^+]^2 + K_a[H^+] - K_aC = 0$$

近似（2） さらに近似する→酸の濃度が$C \gg [H^+]$であるなら，

$C - [H^+] \fallingdotseq C$になる．

$C \gg [H^+]$の基準は，Cの5%$>[H^+]$とする

↑

これが成立しないときは
二次方程式で解くことになる．

$$K_a = \frac{[H^+]^2}{C}$$
$$[H^+]^2 = CK_a$$
$$\boxed{[H^+] = \sqrt{CK_a}}$$ となる．

近似（1）が成立しないとき，つまり$[H^+]$と$[OH^-]$に差がない場合は近似できない．

すなわち，

・酸のK_aが小さいとき
・酸の濃度が小さいとき
→$[H^+] \fallingdotseq [OH^-]$になってしまう．

この場合は以下のように解く．

$$K_a = \frac{[H^+]([H^+] - [OH^-])}{C - ([H^+] - [OH^-])}$$

（分母の$([H^+] - [OH^-])$は）≒ 0と考える

つまり$[H^+] - [OH^-] \fallingdotseq 0$，ただし，この近似は分母の項のみで行う．
分子の$[H^+] - [OH^-]$はそのままにしておくことがポイント．
なぜなら，同様に近似するとすべてゼロになってしまう．

$$K_a = \frac{[H^+]([H^+] - [OH^-])}{C}$$

$$K_a = \frac{[H^+]^2 - [H^+][OH^-]}{C}$$

$$K_a = \frac{[H^+]^2 - K_w}{C}$$

$$\boxed{[H^+] = \sqrt{CK_a + K_w}}$$ となる.

まとめ　弱酸の pH の求め方

$[H^+] = \sqrt{K_a C}$

$[H^+]^2 + K_a[H^+] - K_a C = 0$

$[H^+] = \sqrt{K_a C + K_w}$

がある.

最初に最も近似した形の $[H^+] = \sqrt{K_a C}$ で, $[H^+]$ を求める.

次にこの式が適応できるか検討する.

$[H^+] \gg [OH^-]$ かどうか　…①

$C \gg [H^+]$ かどうか　…②

・①と②が成立するなら, $[H^+] = \sqrt{K_a C}$ で求めた値でよい.

・①は成立, ②が成立しないときは, $[H^+]^2 + K_a[H^+] - K_a C = 0$ で解く.

・①が成立しないときは, $[H^+] = \sqrt{K_a C + K_w}$ で求めることになる.

例 題

1×10^{-4} mol/L CH_3COOH の pH を求める. ただし $K_a = 1 \times 10^{-5}$* とする. (* ここで用いる K_a 値は計算を簡単にするための便宜上の値である. 正確な値は付録に示す.)

▶解説および正解

$[H^+] = \sqrt{K_a C}$ で $[H^+]$ を求める.

$[H^+] = \sqrt{1 \times 10^{-5} \times 1 \times 10^{-4}} = 3.2 \times 10^{-5}$

検討 (1) $[H^+] \gg [OH^-]$ か?

(2) $C \gg [H^+]$ か?

検討 (1) $[H^+] \gg [OH^-]$. 実際には $[H^+] \times 5\% > [OH^-]$ を確認.

$$3.2 \times 10^{-5} \times \frac{5}{100} > \frac{1 \times 10^{-14}}{3.2 \times 10^{-5}}$$

$$16 \times 10^{-7} > 0.31 \times 10^{-9}$$

となり, $[H^+] \gg [OH^-]$ は成立!!

検討 (2) $C \gg [H^+]$. 実際には $C \times 5\% > [H^+]$ を確認.

$$1 \times 10^{-4} \times \frac{5}{100} > 3.2 \times 10^{-5}$$

$$5 \times 10^{-6} < 3.2 \times 10^{-5}$$

となり，$C \gg [H^+]$ は成立しない!!

よって，$[H^+] = \sqrt{K_aC}$ は使用できず，$[H^+]^2 + K_a[H^+] - K_aC = 0$ で求める．

$$[H^+]^2 + 1 \times 10^{-5}[H^+] - 1 \times 10^{-5} \times 1 \times 10^{-4} = 0$$

$$[H^+]^2 + 1 \times 10^{-5}[H^+] - 1 \times 10^{-9} = 0$$

$$[H^+] = \frac{-1 \times 10^{-5} + \sqrt{(1 \times 10^{-5})^2 + 4 \times 10^{-9}}}{2} = 2.7 \times 10^{-5}$$

pH = 4.57 となる．

1-9-2 pH から化学種濃度を求める

pH を求めることにより，溶液中の化学種濃度を算出することができる．

C mol/L CH_3COOH の場合

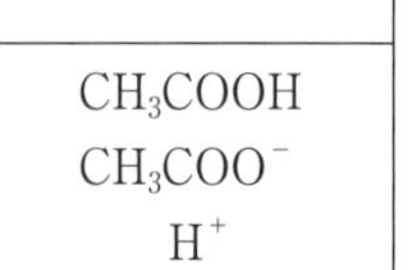

CH_3COOH と CH_3COO^- の濃度を考える．

1) $[CH_3COO^-]$ を求める．

$$[H^+] = [CH_3COO^-] + [OH^-]$$

条件として H_2O の解離を無視する．

⇨ 水から生じる $[OH^-]$ をゼロとする．

つまり $[H^+] = [CH_3COO^-]$ になる．

$[H^+] = \sqrt{K_aC}$ で求められるから，

$\sqrt{K_aC} = [CH_3COO^-]$ となる．

2) $[CH_3COOH]$ を求める．

$C = [CH_3COO^-] + [CH_3COOH]$ から，

$[CH_3COOH] = C - [CH_3COO^-]$ となる．

$\sqrt{K_aC}$ から→ $[H^+]$ がわかる→ これは $[CH_3COO^-]$ と考えると，

$[CH_3COOH] = C - \sqrt{K_aC}$ となり，$[CH_3COOH]$ が求められる．

このように $[H^+]$ を求めることにより，酢酸イオン，酢酸分子の量を求めることができる．

1-9-3 弱塩基の pH を求める

C mol/L NH_3 の pH を求める

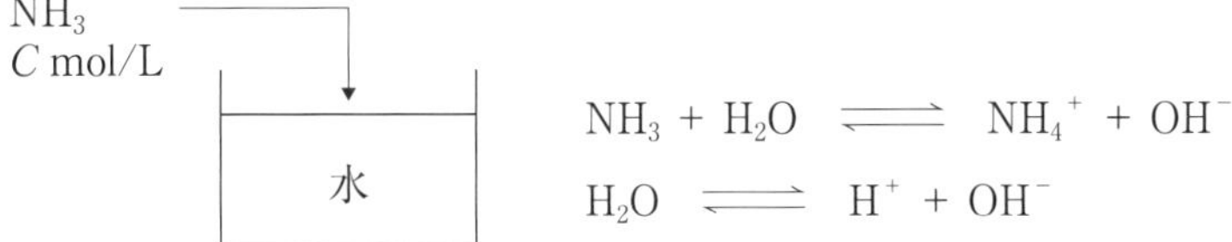

$$NH_3 + H_2O \rightleftharpoons NH_4^+ + OH^-$$

$$H_2O \rightleftharpoons H^+ + OH^-$$

$$K_b = \frac{[NH_4^+][OH^-]}{[NH_3]} \quad \cdots ①$$

質量均衡式　C mol/L $= [NH_3] + [NH_4^+]$　…②
（$[NH_3]$：未解離の分子，$[NH_4^+]$：解離したイオン）

電荷均衡式　$[H^+] + [NH_4^+] = [OH^-]$　…③

②と③を，①の質量作用の法則の式に代入し，$[OH^-]$を求める．

最初に式の整理をする．

③→ $[NH_4^+] = [OH^-] - [H^+]$　…③' とする．

②→ $[NH_3] = C - [NH_4^+]$に③'を代入

$= C - ([OH^-] - [H^+])$　…②'

②'，③'を①に代入する．

$$K_b = \frac{[NH_4^+][OH^-]}{[NH_3]}$$

$$= \frac{([OH^-] - [H^+])[OH^-]}{C - ([OH^-] - [H^+])}$$

代入 ← $[H^+] = \dfrac{K_w}{[OH^-]}$

$$= \frac{\left([OH^-] - \dfrac{K_w}{[OH^-]}\right)[OH^-]}{C - \left([OH^-] - \dfrac{K_w}{[OH^-]}\right)}$$

← 三次式なので近似する．

近似（1）　塩基性であるから $[OH^-] \gg [H^+]$が成立すれば

$[OH^-] - [H^+] \fallingdotseq [OH^-]$となる．　←$[OH^-]$の 5%＞$[H^+]$ であるとき近似できる．

$$K_b = \frac{[OH^-]^2}{C - [OH^-]} \rightarrow \text{二次式となる}$$

$K_bC - K_b[OH^-] = [OH]^2$

$[OH]^2 + K_b[OH^-] - K_bC = 0$

近似（2）　C の 5%＞$[OH^-]$であれば，さらに近似することができる．

$C \gg [OH^-]$であるなら，$C - [OH^-] \fallingdotseq C$

$$K_b = \frac{[OH^-]^2}{C}$$

$$\boxed{[OH^-] = \sqrt{K_b C}}$$ 最も近似された式である．

しかし，K_b と C が小さいとき → $[OH^-] \fallingdotseq [H^+]$ になる．⇨ 中性である．
このときは $[OH^-] \gg [H^+]$ が成立しない．この場合は以下のように解く．

$$K_b = \frac{[OH^-]([OH^-] - [H^+])}{C - \underline{([OH^-] - [H^+])}}$$ → 残しておく

分母の下線を0にする．$[OH^-] - [H^+] \fallingdotseq 0$

$$K_b = \frac{[OH^-]([OH^-] - [H^+])}{C}$$

$$K_b = \frac{[OH^-]^2 - [OH^-][H^+]}{C}$$

$$= \frac{[OH^-]^2 - K_w}{C}$$

$$\boxed{[OH^-] = \sqrt{CK_b + K_w}}$$ で解くことになる．

例題

1×10^{-5} mol/L アンモニア水溶液の水素イオン濃度を求めなさい．
ただし，アンモニアの解離定数 K_b を 1×10^{-5} とする．
（$K_b = 1 \times 10^{-5}$ は便宜上の値である．正確な値は付録を参照）

▶解説および正解

手順　(1)　最も近似された式で $[OH^-]$ を求める．
(2)　$[OH^-]$ の 5% > $[H^+]$ ？
(3)　C の 5% > [OH] ？

(1)　$[OH^-] = \sqrt{1 \times 10^{-5} \times 1 \times 10^{-5}} = 1 \times 10^{-5}$

(2)　$[OH^-]$ の 5% > $[H^+]$ ？

$[OH^-]$ の 5% $= 1 \times 10^{-5} \times 5 \times 10^{-2} = 5 \times 10^{-7}$

$[H^+] = 1 \times 10^{-14} / 1 \times 10^{-5} = 1 \times 10^{-9}$

∴ $[OH^-] \gg [H^+]$ が成立する．

(3)　C の 5% > $[OH^-]$ ？

C の 5% $= 1 \times 10^{-5} \times 5 \times 10^{-2} = 5 \times 10^{-7}$

$[OH^-] = 1 \times 10^{-5}$

∴成立しない → 二次方程式で解く．

$[OH^-]^2 + K_b [OH^-] - K_b C = 0$

$$[OH^-] = \frac{-K_b \pm \sqrt{K_b^2 + 4K_bC}}{2} \text{ から}$$

$[OH^-] = 0.61 \times 10^{-5}$

pOH = 5.21 ⟶ pH = 8.79　である.

1-10　多塩基酸と多酸塩基の pH

1-10-1 多　塩　基　酸

ジプロトン酸（2 つの H^+ を放出）や，トリプロトン酸（3 つの H^+ を放出）の pH の求め方

ex）H_2CO_3，H_2S，H_3PO_4 など

ジプロトン酸 C mol/L H_2A の解離

一般式
$$H_2A \overset{K_{a_1}}{\rightleftharpoons} H^+ + HA^-$$
$$HA^- \overset{K_{a_2}}{\rightleftharpoons} H^+ + A^{2-}$$
$$H_2O \rightleftharpoons H^+ + OH^-$$

質量作用の法則　$K_{a_1} = \dfrac{[H^+][HA^-]}{[H_2A]}$，$K_{a_2} = \dfrac{[H^+][A^{2-}]}{[HA^-]}$

質量均衡式　C mol/L = $[H_2A] + [HA^-] + [A^{2-}]$　…①

電荷均衡式　$[H^+] = [HA^-] + 2[A^{2-}] + [OH^-]$　… ②

①，②を整理する.

①　$[HA^-]$，$[A^{2-}]$を消去するために，$[HA^-]$でくくる.

$$C = [HA^-]\left\{\frac{[H_2A]}{[HA^-]} + 1 + \frac{[A^{2-}]}{[HA^-]}\right\} \quad \cdots①'$$

$$K_{a_1} = \frac{[H^+][HA^-]}{[H_2A]},\ K_{a_2} = \frac{[H^+][A^{2-}]}{[HA^-]}$$

$$\frac{[H^+]}{[K_{a_1}]} = \frac{[H_2A]}{[HA^-]},\ \frac{K_{a_2}}{[H^+]} = \frac{[A^{2-}]}{[HA^-]}$$ これらを①'に代入

$$C = [HA^-]\left\{\frac{[H^+]}{[K_{a_1}]} + 1 + \frac{K_{a_2}}{[H^+]}\right\} \quad \cdots①''$$

② $$[H^+] = [HA^-]\left\{1 + 2\frac{[A^{2-}]}{[HA^-]}\right\} + [OH^-]$$

（$[OH^-]$ に代入 $= \dfrac{K_w}{[H^+]}$）

$$= [HA^-]\left\{1 + 2\frac{K_{a_2}}{[H^+]}\right\} + \frac{K_w}{[H^+]}$$

$$[H^+] - \frac{K_w}{[H^+]} = [HA^-]\left\{1 + 2\frac{K_{a_2}}{[H^+]}\right\} \quad \cdots ②'$$

①"を②'で割り，$[HA^-]$を消去すると，四次式になる．

$$[H^+]^4 + K_{a_1}[H^+]^3 + (K_{a_1}K_{a_2} - K_w - K_{a_1}C)[H^+]^2 - (K_{a_1}K_w + 2K_{a_1}K_{a_2}C)[H^+] - K_{a_1}K_{a_2}K_w = 0$$

$[H^+]$ は四次式を解くと求められる．しかし，四次式を解くのは困難なため，以下のように近似する．したがって上の四角の枠内は無視する．

近似　K_{a_1} と K_{a_2} を比較すると，

ex）H_2CO_3……$K_{a_1} > K_{a_2}$

10^{-7}　10^{-11}

よって，K_{a_2} を無視し，以下の近似式で解く．

一般的な多段階での K_{a_1}，K_{a_2}，K_{a_3} の強さは，段階ごとに $\frac{1}{10^3}\sim\frac{1}{10^5}$ ずつ減少する．したがって K_{a_2}，K_{a_3} は無視することができる．

ジプロトン酸をモノプロトン酸として考える（第2解離を考えない）．

質量均衡式　$C = [H_2A] + [HA^-] + [A^{2-}]$ ←第1，2解離を含めたもの

第2解離 $[HA^-] \rightleftarrows [H^+] + [A^{2-}]$ を無視すると，

⇨ $C = [H_2A] + [HA^-]$ となる．　…①

電荷均衡式は，$[H^+] = [HA^-] + 2[A^{2-}] + [OH^-]$

⇨ $[H^+] = [HA^-] + [OH^-]$ となる．　…②←第2解離を無視する

$$K_{a_1} = \frac{[HA^-][H^+]}{[H_2A]}$$

①と②を以下のように整理して質量作用の法則の式に代入する．

$[HA^-] = [H^+] - [OH^-]$

$[H_2A] = C - ([H^+] - [OH^-])$

$$= \frac{([H^+] - [OH^-])[H^+]}{C - ([H^+] - [OH^-])}$$

$[H^+] \gg [OH^-]$ より $[H^+] - [OH^-] \fallingdotseq [H^+]$

$C \gg [H^+]$ より，$C - [H^+] \fallingdotseq C$

$$K_{a_1} = \frac{[H^+]^2}{C}$$

$\therefore \boxed{[H^+] = \sqrt{CK_{a_1}}}$ ⇨ ジプロトン酸の H^+ 濃度が求められる．

この近似式はトリプロトン酸にも適用できる．

しかし厳密に求めたいときは以下のように考える．

$[H^+]$ は第1解離の $[H^+_{第1}]$ と第2解離の $[H^+_{第2}]$ の合計となるから，

$[H^+] = [H^+_{第1}] + [H^+_{第2}]$

$= \sqrt{K_{a_1}C} + ?$　と考える．

$[H^+_{第2}]$ がわからないため，解離式を考える．

$$H_2A \rightleftarrows H^+_{第1} + HA^- \qquad K_{a_1} = \frac{[H^+][HA^-]}{[H_2A]}$$

$$HA^- \rightleftharpoons H^+_{第2} + A^{2-} \qquad K_{a_2} = \frac{[H^+][A^{2-}]}{[HA^-]}$$

質量作用の法則上の $[H^+]$ は $[H^+_{第1}]$ と $[H^+_{第2}]$ の合計を表している．

つまり $[H^+] = [H^+_{第1}] + [H^+_{第2}]$ と考える．

話を元に戻すと，

第 2 解離の $[H^+_{第2}]$ を求める．

$$HA^- \rightleftharpoons H^+_{第2} + A^{2-}$$

第 1 解離の $[H^+]$ と第 2 解離の $[H^+]$ を合計した濃度

$[H^+] = [H^+_{第1}] + [H^+_{第2}]$

$$K_{a_2} = \frac{\boxed{[H^+]}[A^{2-}]}{[HA^-]}$$

↓

近似　第 2 解離の $[H^+_{第2}]$ は非常に小さい値であるため，$[H^+] \fallingdotseq [H^+_{第1}]$ となる．第 1 解離では $[H^+_{第1}] \fallingdotseq [HA^-]$ であるから $[H^+] \fallingdotseq [HA^-]$ となる．

したがって K_{a_2} の質量作用の法則は，

$$K_{a_2} = \frac{\cancel{[H^+]}[A^{2-}]}{\cancel{[HA^-]}}$$ となり，

$K_{a_2} = [A^{2-}]$ となる．第 2 解離では $[A^{2-}] = [H^+_{第2}]$ であるから，

$K_{a_2} = [H^+_{第2}]$ となる．

したがって，より厳密な $[H^+]$ は以下の式から求める．

$$\boxed{[H^+] = [H^+_{第1}] + K_{a_2}}$$

ここで重要なことは，**第 2 プロトン濃度は K_{a_2} に相当することである．**

H_2CO_3 の $[CO_3^{2-}]$ は，H_2CO_3 の K_{a_2} の 4×10^{-11} mol/L に相当，

H_2S の $[S^{2-}]$ は，H_2S の K_{a_2} である 1.2×10^{-13} mol/L に相当する．

H_2S の pH

H_2S 水溶液は金属イオンの沈殿試薬として用いられている．

その理由は，

(1)　金属イオンとのイオン積が小さい．

(2)　pH により S^{2-} 濃度を容易に変化させることができる．

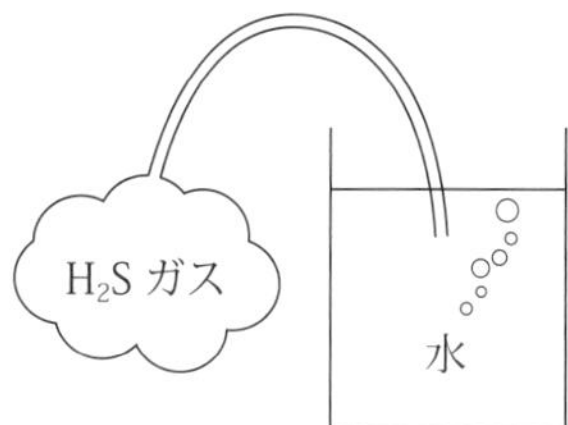

1 気圧で，H_2S ガスを飽和させると，0.1 mol/L H_2S になる．

この濃度は覚える！

$$H_2S \underset{}{\overset{K_{a_1}}{\rightleftarrows}} H^+ + HS^-$$

$$HS^- \underset{}{\overset{K_{a_2}}{\rightleftarrows}} H^+ + S^{2-}$$

$$H_2O \rightleftarrows H^+ + OH^-$$

この溶液における pH，$[S^{2-}]$，$[HS^-]$ を求める．

$$K_{a_1} = \frac{[H^+][HS^-]}{[H_2S]} = 1 \times 10^{-7} \qquad K_{a_2} = \frac{[H^+][S^{2-}]}{[HS^-]} = 1 \times 10^{-13}$$

圧倒的に K_{a_1} のほうが大きいので第 2 解離を無視する．

$$[H^+] = \sqrt{K_{a_1}C} = \sqrt{1 \times 10^{-7} \times 0.1} = \sqrt{1 \times 10^{-8}}$$
$$= 1 \times 10^{-4}\,\mathrm{mol/L}$$

第 2 解離を無視すると $[H^+] = [HS^-]$ となり，$[HS^-] = 1 \times 10^{-4}$ mol/L となる．

$[S^{2-}] = K_{a_2} = 1 \times 10^{-13}$ mol/L である．

分別沈殿のとき，$[S^{2-}]$を変化させるには，どうしたらよいか．

H_2S 濃度を変化させるのは実験上難しいため，pH で$[S^{2-}]$を調節する．

$$K_{a_2} = \frac{[H^+][S^{2-}]}{[HS^-]}$$ から，

$$[S^{2-}] = K_{a_2} \times \frac{[HS^-]}{[H^+]}$$

←$[HS^-]$はわからないので第 1 解離から$[HS^-] = \frac{K_{a_1}[H_2S]}{[H^+]}$ とし，代入する．

$$= K_{a_2} \times \frac{K_{a_1}[H_2S]}{[H^+]^2}$$

さらに，$[H_2S] \fallingdotseq 0.1$ mol/L（飽和濃度は 0.1 mol/L）を代入する．

$$= \frac{K_{a_1}K_{a_2}[H_2S]}{[H^+]^2} = \frac{K_{a_1} \times K_{a_2} \times 0.1}{[H^+]^2}$$

→この式はある pH での$[S^{2-}]$ を求める式として用いられる．

⇨沈殿平衡で利用される．

pH を変化させると，$[S^{2-}]$が変化することがわかる．
pH ↑（$[H^+]$ ↓）→ $[S^{2-}]$は増大する．

課題

$[S^{2-}]$を求める式を使って，pH = 1，3，6 のときの$[S^{2-}]$を求めよ．

H_2SO_4 の pH

以上は$[H^+_{第1}] \gg [H^+_{第2}]$の物質についての解き方である．それでは$[H^+_{第1}] \gg [H^+_{第2}]$ が成立しないときは，どのように解けばよいか．

例として，0.01 mol/L H_2SO_4 の pH を求めてみよう．

$$H_2SO_4 \longrightarrow H^+ + HSO_4^-$$

$$HSO_4^- \rightleftharpoons H^+ + SO_4^{2-}$$

H_2SO_4 の第 1 解離は強酸，第 2 解離は弱酸で，HSO_4^- の $K_{a_2} = 1.2 \times 10^{-2}$ である．

$$[H^+_{第1}] = 0.01 \text{ mol/L}$$

$[H^+_{第2}] \rightarrow K_{a_2}$ と考えると，H_2SO_4 の第 2 解離は 1.2×10^{-2} となる．すると $[H^+_{第1}] < [H^+_{第2}]$ となり，これは $[H^+_{第1}] < [H^+_{第2}]$ という矛盾が生じる．

この場合 $[H^+_{第2}]$ は第 2 解離の質量作用の法則から求める．

質量作用の法則より，

$$K_{a_2} = \frac{[H^+][SO_4^{2-}]}{[HSO_4^-]} \quad \cdots ①$$

それぞれの値は下記で示すことができる．

第 1 解離の $[H^+_{第1}] = 0.01$，第 2 解離の $[H^+_{第2}] = x$ とする．

$$[H^+] = 0.01 + x$$

$$[SO_4^{2-}] = x \ ([H^+_{第2}] \fallingdotseq [SO_4^{2-}])$$

$$[HSO_4^-] = 0.01 - x$$

①に代入すると，

$$1.2 \times 10^{-2} = \frac{(0.01 + x)x}{0.01 - x}$$

$$x^2 + 2.2 \times 10^{-2}x - 1.2 \times 10^{-4} = 0$$

$$x = 0.45 \times 10^{-2}$$

$$\therefore [H^+] = [H^+_{第1}] + [H^+_{第2}] = 0.01 + 0.45 \times 10^{-2}$$

$$= 1.45 \times 10^{-2} \text{ mol/L}$$

$$pH = 2 - \log 1.45 = 1.84$$

課題

0.001 mol/L H_2SO_4 の pH を求めなさい．　　　　（正解：2.73）

1-10-2 多 酸 塩 基

OH^- を段階的に生成する物質の例として CO_3^{2-}，S^{2-}，エチレンジアミン（H_2NCH_2–CH_2NH_2）などがある．

ex）$Na_2CO_3 \longrightarrow 2Na^+ + CO_3^{2-}$

$CO_3^{2-} + H_2O \overset{K_{b_1}}{\rightleftharpoons} HCO_3^- + OH^-$ ← OH^- が生じることによって塩基性を示す．

$HCO_3^- + H_2O \overset{K_{b_2}}{\rightleftharpoons} H_2CO_3 + OH^-$ ← K_{b_2} は K_{b_1} に比べて小さい．

$K_{b_1} \gg K_{b_2}$

$$[OH^-] = \sqrt{K_{b_1}C}$$　　第２解離を無視する.

厳密な$[OH^-]$を求める場合は次のように考える（第２解離を無視しない）.

$$[OH^-] = [OH^-]_{第1} + [OH^-]_{第2}$$
$$= \sqrt{K_{b_1}C} + K_{b_2}$$

1-11　塩の水溶液の pH

塩にはいくつかの形が存在する. 種類としては, 塩基の陽イオンと酸の陰イオンがイオン結合したもの, または酸のH^+の一部または全部が塩基の陽イオン（金属イオンやアンモニウムイオン）と置き換わったもの, さらには弱酸と弱塩基からできている化合物などである.

塩は, 生体にとって重要な物質であるから, その多くは医薬品としても利用されている.

これらの塩を水に溶解したとき, その液性はどのようになるのであろうか. ここでは, それぞれの塩について, その pH の求め方を学び, 医薬品としての応用について考えてみる.

ex）CH_3COONa, NH_4Cl, Na_2HPO_4 など

1-11-1　強酸-強塩基の塩

ex） NaCl

NaCl は HCl と NaOH からできていると考える. つまり,

$$\underset{強酸}{HCl} + \underset{強塩基}{NaOH} \longrightarrow NaCl + H_2O$$

NaCl を水に溶かす

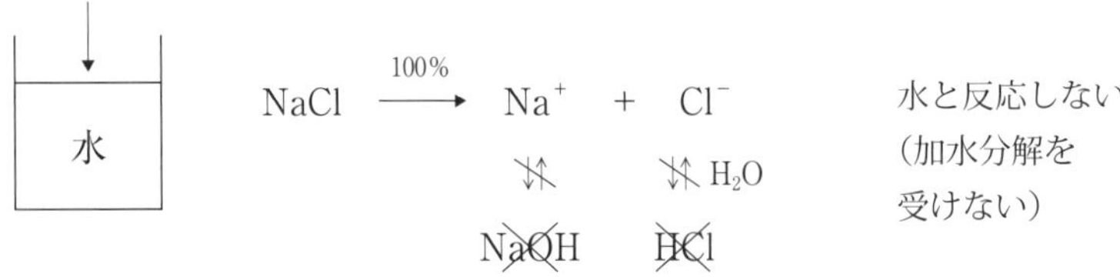

水の中ではNa^+, Cl^-として存在し, H^+, OH^-イオン濃度に影響しない⇨ **中性**である

1-11-2 弱酸-強塩基の塩

ex) CH_3COONa

CH_3COONa は，酢酸と NaOH からできていると考える．つまり，

$$CH_3COOH + NaOH \longrightarrow CH_3COONa + H_2O$$

CH_3COONa を水に溶かす

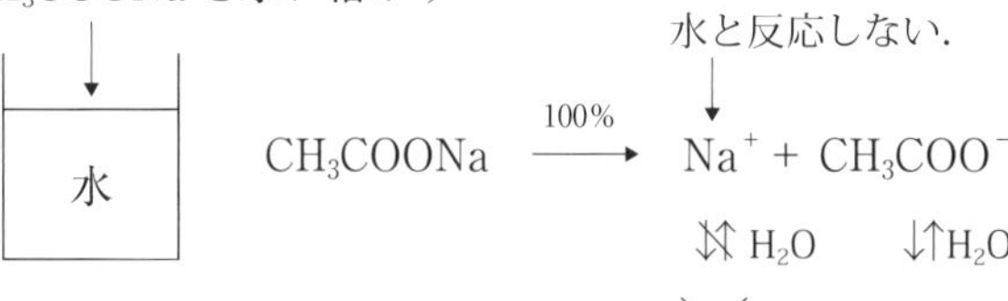

水と反応しない．

$$CH_3COONa \xrightarrow{100\%} Na^+ + CH_3COO^-$$

$\not\rightleftarrows H_2O$　　$\rightleftarrows H_2O$

~~NaOH~~　$CH_3COOH + OH^-$

塩基性を示す．

模式的に示すと，

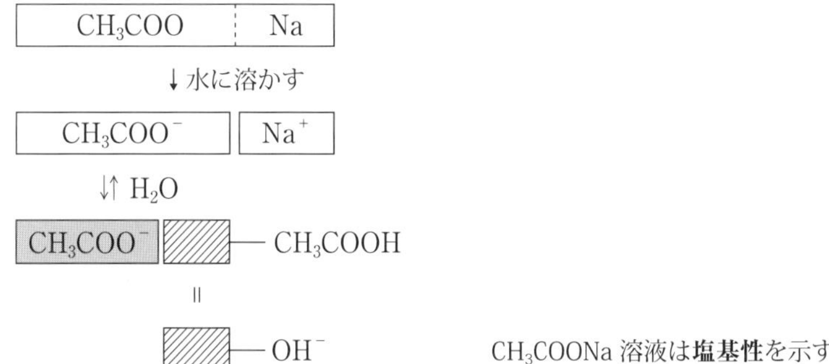

CH_3COONa 溶液は**塩基性**を示す．

pH を質量均衡式，電荷均衡式，質量作用の法則から求める．

塩濃度は C_s mol/L として表す．s は salt（塩）を意味する．

$$CH_3COONa \xrightarrow{100\%} Na^+ + CH_3COO^-$$

C_s mol/L

この反応には質量作用の法則がない（100％解離しているので分母が 0 になる）．

$$CH_3COO^- + H_2O \overset{K_b}{\rightleftarrows} CH_3COOH + OH^-$$

$$H_2O \rightleftarrows H^+ + OH^-$$

電荷均衡式　$[H^+] + [Na^+] = [CH_3COO^-] + [OH^-]$　…①

質量均衡式　C_s mol/L $= [Na^+] = [CH_3COO^-] + [CH_3COOH]$　…②

質量作用の法則

水と反応して加水分解し，OH^-を生じる．したがって K_b で表す．

$$K_b = \frac{[CH_3COOH][OH^-]}{[CH_3COO^-]} \quad \cdots③$$

①と②を整理して $[CH_3COO^-]$，$[CH_3COOH]$ の項を③に代入する．

①より $[H^+] + [Na^+] = [CH_3COO^-] + [OH^-]$

（$[Na^+]$ に）C_s mol/L を代入する

$$[CH_3COO^-] = C_s + [H^+] - [OH^-]$$

CH_3COONa は塩基性であるので，$[OH^-]>[H^+]$，$[OH^-]$ から $[H^+]$ を引くように式を立てる．

$$[CH_3COO^-]=C_s-([OH^-]-[H^+]) \quad \cdots ①'$$

②の $C_s=[CH_3COO^-]+[CH_3COOH]$ から，

$$[CH_3COOH]=C_s-[CH_3COO^-] \leftarrow \text{①' を代入する．}$$
$$=C_s-\{C_s-([OH^-]-[H^+])\}$$
$$=[OH^-]-[H^+] \quad \cdots ②'$$

①' と②' を整理して，

②'　$[CH_3COOH]=[OH]-[H^+]$

①'　$[CH_3COO^-]=C_s-([OH^-]-[H^+])$

を③に代入する．

$$K_b=\frac{[CH_3COOH][OH^-]}{[CH_3COO^-]}$$

$$=\frac{([OH^-]-[H^+])[OH^-]}{C_s-([OH^-]-[H^+])}$$

この式を展開すると，三次式になるので近似する．

近似（1）　塩基性なので $[OH^-]\gg[H^+]$，　　条件：$[OH^-]$ の 5% $>[H^+]$

$[OH^-]-[H^+]\fallingdotseq[OH^-]$ となる．

したがって，

$$K_b=\frac{[OH^-][OH^-]}{C_s-[OH^-]}$$

←これは二次式なので解ける．

近似（2）　さらに $C_s\gg[OH^-]$ のとき，　　条件：C_s の 5% $>[OH^-]$

$C_s-[OH^-]\fallingdotseq C_s$ となる．

$$K_b=\frac{[OH^-]^2}{C_s}$$

$$\therefore \boxed{[OH^-]=\sqrt{K_bC_s}}$$

→ $[OH^-]$ を求めたら，この式が適用できるかどうかを検討すること！

検討　① $[OH^-]\gg[H^+]$

② $C_s\gg[OH^-]$

近似（3）　①において $[OH^-]\gg[H^+]$ が成立しないとき

$[OH^-]\fallingdotseq[H^+]$　→ 中性に近い

$[OH^-]-[H^+]\fallingdotseq 0$　として近似する．

$$K_b=\frac{([OH^-]-[H^+])[OH^-]}{C_s-([OH^-]-[H^+])}$$

より

分母の $[OH^-]-[H^+]$ のみゼロとする．

分子の $[OH^-]-[H^+]$ はゼロに近似しない．

$$= \frac{[OH^-]^2 - K_w}{C_s}$$

$$K_b C_s = [OH^-]^2 - K_w$$

$$[OH^-]^2 = K_b C_s + K_w$$

$\therefore$ $\boxed{[OH^-] = \sqrt{K_b C_s + K_w}}$　となる．

共役な K_b の求め方

$$CH_3COO^- + H_2O \underset{K_a}{\overset{K_b}{\rightleftharpoons}} CH_3COOH + OH^-$$

付録には CH_3COOH の K_b が書かれていない．しかし酸の解離定数 K_a が与えられているから，共役塩基として，K_b を求める．

$$CH_3COOH \underset{K_b}{\overset{K_a}{\rightleftharpoons}} CH_3COO^- + H^+$$

$K_a \times K_b = K_w$ より，K_b が求められる．$K_b = \dfrac{K_w}{K_a}$

1. 弱塩基-強酸の塩

ex）NH_4Cl

$NH_3 + HCl \longrightarrow NH_4Cl$　からできていると考える．

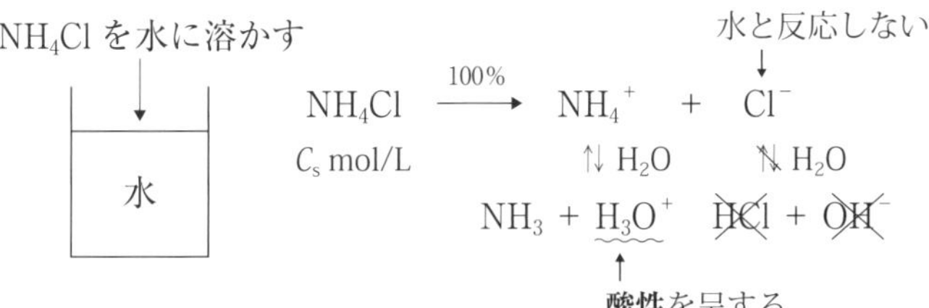

$$NH_4Cl \longrightarrow NH_4^+ + Cl^-$$

$$NH_4^+ + H_2O \underset{K_b}{\overset{K_a}{\rightleftharpoons}} NH_3 + H_3O^+$$

$$H_2O \rightleftharpoons H^+ + OH^-$$

電荷均衡式　$[NH_4^+] + [H^+] = [Cl^-] + [OH^-]$ …①

質量均衡式　C_s mol/L $= [Cl^-] = [NH_4^+] + [NH_3]$ …②

$$K_a = \frac{[NH_3][H^+]}{[NH_4^+]} \quad \cdots③$$

$[H^+]$を求める．

①と②を整理する．

(1) $[NH_4^+] + [H^+] = C_s + [OH^-]$

$[NH_4^+] = C_s + [OH^-] - [H^+]$

$= C_s - ([H^+] - [OH^-])$ …①'

→ この溶液は酸性なので，$[H^+] > [OH^-]$であるから，$[H^+]$から$[OH^-]$を引くように式を立てる．

(2) $C_s = [NH_4^+] + [NH_3]$　← ①' を代入

$[NH_3] = \cancel{C_s} - \{\cancel{C_s} - ([H^+] - [OH^-])\}$

$= [H^+] - [OH^-]$ …②'

①' と②' を③に代入する.

(3) $K_a = \dfrac{[NH_3][H^+]}{[NH_4^+]}$

$$\boxed{K_a = \frac{([H^+] - [OH^-])[H^+]}{C_s - ([H^+] - [OH^-])}}$$

三次式は計算が難しいため近似する.

近似 (1) 溶液は酸性なので, $[H^+] \gg [OH^-] \rightarrow [H^+]$の 5% > $[OH^-]$

$[H^+] - [OH^-] \fallingdotseq [H^+]$とする.

$$K_a = \frac{[H^+]^2}{C_s - [H^+]}$$

近似 (2) $C_s \gg [H^+] \rightarrow C_s$の 5% > $[H^+]$ なら,

$C_s - [H^+] \fallingdotseq C_s$

$$K_a = \frac{[H^+]^2}{C_s}$$

$$\boxed{[H^+] = \sqrt{K_a C_s}}$$

この式が適用できるかどうかは, $[H^+] \gg [OH^-]$と $C_s \gg [H^+]$を検討する. 両方成立すれば, この式を用いてもよい. もし $C_s \gg [H^+]$ が成立しなければ二次方程式になる.

また, $[H^+] \gg [OH^-]$ が成立しないときは, 近似(3)のように行う.

近似 (3) 中性と考え, $[H^+] \fallingdotseq [OH^-]$とする.

$[H^+] - [OH^-] \fallingdotseq 0$となり, 次の式が得られる.

$$K_a = \frac{[H^+]^2 - [OH^-][H^+]}{C_s}$$

$$[H^+]^2 = K_a C_s + K_w$$

$$\therefore [H^+] = \sqrt{K_a C_s + K_w}$$

これらの近似式中のK_aはアンモニアと共役なNH_4^+の解離定数である.

$$NH_3 + H_2O \underset{K_a}{\overset{K_b}{\rightleftharpoons}} NH_4^+ + OH^-$$

K_aは, アンモニアのK_bから以下のように求める.

$$K_a \times K_b = K_w$$

$$K_a = \frac{K_w}{K_b}$$

2. 弱酸–弱塩基の塩

CH_3COONH_4，NH_4CN，$HCOONH_4$ などは水の中で 100％解離するので塩である．

$$
\begin{array}{ccccc}
BA & \longrightarrow & B^{+} & + & A^{-} \\
 & & + & & + \\
H_2O & \rightleftharpoons & OH^{-} & + & H^{+} \\
 & & K_b \uparrow\downarrow & & K_a \uparrow\downarrow \\
 & & BOH & & AH
\end{array}
$$

この溶液の液性は加水分解でできた BOH と AH の K_b と K_a の大きさで決まる．

つまり各々生じた酸(B^+)と塩基(A^-)のイオンからできた酸(AH)と塩基(BOH)の K_a と K_b の強さに依存する．

(1) $K_b > K_a$ $\longrightarrow$ 弱塩基性を呈する．

平衡定数は K_a が小さいから，⇨ $[H^+]$ は少ない．

したがって $[OH^-] > [H^+]$

ex 1) $NH_4CN \longrightarrow NH_4^{+} + CN^{-}$

塩基性

$$
\begin{array}{cc}
K_b \uparrow\downarrow & K_a \uparrow\downarrow \\
NH_3 & HCN
\end{array}
$$

$K_a(HCN) = 7.2 \times 10^{-10}$

$K_b(NH_3) = 1.8 \times 10^{-5}$

$K_b > K_a$ なので，塩基性を呈する．

(2) $K_b < K_a$ $\longrightarrow$ 弱酸性を呈する．

このときの液性は K_b と K_a の大きさで決まる．

$$
\begin{array}{ccccc}
H_2O & \rightleftharpoons & OH^{-} & + & H^{+} \\
 & & K_b \uparrow\downarrow & & K_a \uparrow\downarrow \\
 & & BOH & & AH
\end{array}
$$

$[H^+] > [OH^-]$ で弱酸性を呈する．

ex 2) $HCOONH_4$

→ HCOOH ($K_a = 1.8 \times 10^{-4}$) と NH_3($K_b = 1.8 \times 10^{-5}$) がイオン結合した化合物

(3) $K_b = K_a$ $\longrightarrow$ 中性を呈する．

ex 3) CH_3COONH_4

CH_3COOH の $K_a = 1.75 \times 10^{-5}$

NH_3 の $K_b = 1.8 \times 10^{-5}$

$[H^+] \fallingdotseq [OH^-]$ になることからほぼ中性を呈する.

以上示した弱酸と弱塩基塩の pH は以下のように求める.

pH の求め方

CH_3COONH_4 を例に説明する.

$$\underset{C_s\ \mathrm{mol/L}}{CH_3COONH_4} \xrightarrow{100\%} CH_3COO^- + NH_4^+$$

$$CH_3COO^- + H_2O \underset{K_a}{\overset{(K_b)}{\rightleftarrows}} CH_3COOH + OH^- \quad \text{塩基性}$$

$$NH_4^+ + H_2O \underset{K_b}{\overset{(K_a)}{\rightleftarrows}} NH_3 + H_3O^+ \quad \text{酸性}$$

$$H_2O \rightleftarrows H^+ + OH^-$$

電荷均衡式　$[NH_4^+] + [H^+] = [CH_3COO^-] + [OH^-]$　…①

質量均衡式　C_s mol/L $= [CH_3COO^-] + [CH_3COOH]$　…②

$= [NH_4^+] + [NH_3]$　…③

質量作用の法則

$$K_a = \frac{[NH_3][H^+]}{[NH_4^+]}$$

↓

共役 K_b から求める.

↓

$$\underset{(NH_3)}{\frac{K_w}{K_b}} = \frac{[NH_3][H^+]}{[NH_4^+]} \quad \cdots④$$

$$K_b = \frac{[CH_3COOH][OH^-]}{[CH_3COO^-]}$$

↓

共役 K_a から求める.

↓

$$\underset{(CH_3COOH)}{\frac{K_w}{K_a}} = \frac{[CH_3COOH][OH^-]}{[CH_3COO^-]} \quad \cdots⑤$$

$[H^+]$を求めるには,

②, ③から$[CH_3COOH]$, $[NH_3]$を整理して④, ⑤に代入する.

この場合, 四次式になるので以下のように近似する.

近似　条件を設定する.

・塩であるから, 完全に電離している.

K_a, K_b がとても小さいので,

生成する NH_3 と CH_3COOH は無視できるほど小さいと考える.

$C_s = [CH_3COO^-] + \cancel{[CH_3COOH]}$, $C_s = [NH_4^+] + \cancel{[NH_3]}$

よって $C_s = [CH_3COO^-] = [NH_4^+]$　…⑥

・$K_a \fallingdotseq K_b$ と考えると,

$[CH_3COOH] \fallingdotseq [NH_3]$　…⑦

(K_a と K_b が同程度なので, 生成する CH_3COOH と NH_3 の濃度もほとんど同じと考える.)

(1) 式④に C_s を代入

$$\frac{K_w}{K_b} = \frac{[NH_3][H^+]}{[NH_4^+]} \longleftarrow ⑥の C_s を代入$$

$$[H^+] = \frac{K_w}{K_b} \times \frac{C_s}{[NH_3]} \quad \cdots ④'$$

(2) $④ \times ⑤ = \dfrac{K_w}{K_b} \times \dfrac{K_w}{K_a}$

$$= \frac{[NH_3][H^+]}{[NH_4^+]} \times \frac{[CH_3COOH][OH^-]}{[CH_3COO^-]}$$

⑦により等しい

$$\frac{K_w^{\cancel{2}}}{K_bK_a} = \frac{[NH_3][CH_3COOH]\cancel{K_w}}{[NH_4^+][CH_3COO^-]}$$

⑥の C_s を代入

⑥，⑦より $\dfrac{K_w}{K_bK_a} = \dfrac{[NH_3]^2}{C_s^{\,2}}$ となり，

$$\boxed{[NH_3]^2 = \frac{K_wC_s^{\,2}}{K_bK_a}}$$

→ これを(1)の④' に代入する．

(1)の④' は $[H^+] = \dfrac{K_w}{K_b} \times C_s \times \dfrac{1}{[NH_3]}$ である．

両辺を2乗する．

$$[H^+]^2 = \frac{K_w^{\,2}}{K_b^{\,2}} \times C_s^{\,2} \times \frac{1}{[NH_3]^2} \longleftarrow ここに代入$$

$$= \frac{K_w^{\cancel{2}}}{K_b^{\cancel{2}}} \times \cancel{C_s^{\,2}} \times \frac{\cancel{K_b}K_a}{\cancel{K_w}\cancel{C_s^{\,2}}}$$

$$[H^+]^2 = \frac{K_wK_a}{K_b}$$

K_a は CH_3COOH，K_b は NH_3 の定数を意味する．

(CH_3COOH)

$$\boxed{[H^+] = \sqrt{\frac{K_aK_w}{K_b}}}$$

(NH_3)

← 濃度 C_s の項がない！
pH は濃度に依存しないことを意味する．
↓
pH は一定の値を示す．

ある程度の濃度であれば，pH は CH_3COOH の K_a と NH_3 の K_b により求められる．⇨ **濃度は関係しない！**

1-11-3 多塩基酸塩

1. $NaHCO_3$ 水溶液の pH

$NaHCO_3$（炭酸水素ナトリウム）は，pH が濃度に依存せず，安定な物質で医薬品に用いられている．胃酸を中和する重そうである．

$$NaHCO_3 \xrightarrow{100\%} \underset{\text{水と反応しない}}{Na^+} + \underset{\text{水と反応する}}{HCO_3^-}$$

① $HCO_3^- + H_2O \underset{K_{a_1}}{\overset{K_{b_2}}{\rightleftharpoons}} H_2CO_3 + OH^-$
塩基として

$$K_{b_2} = \frac{[H_2CO_3][OH^-]}{[HCO_3^-]}$$

② $HCO_3^- + H_2O \underset{K_{b_1}}{\overset{K_{a_2}}{\rightleftharpoons}} CO_3^{2-} + H_3O^+$
酸として

$$K_{a_2} = \frac{[CO_3^{2-}][H^+]}{[HCO_3^-]}$$

塩基としても，酸としても働く → 両性イオンである．

K_a と K_b の大きさを比較すると液性がわかる → K_{a_2} と K_{b_2} を比較する．

$$H_2CO_3 \underset{K_{b_2}}{\overset{K_{a_1}}{\rightleftharpoons}} H^+ + HCO_3^-$$

$$HCO_3^- \underset{K_{b_1}}{\overset{K_{a_2}}{\rightleftharpoons}} H^+ + CO_3^{2-}$$

付録の表から $K_{a_2} = 4 \times 10^{-11}$

$$K_{b_2} = \frac{K_w}{K_{a_1}} = 2.2 \times 10^{-8}$$

明らかに $K_{b_2} > K_{a_2}$ → 塩基性である．

2. $NaHCO_3$ の pH の求め方

質量均衡式，電荷均衡式，質量作用の法則から pH を求める．

電荷均衡式 $[Na^+] + [H^+] = [HCO_3^-] + 2[CO_3^{2-}] + [OH^-]$ …①

質量均衡式 $C_s = [Na^+] = [HCO_3^-] + [H_2CO_3] + [CO_3^{2-}]$ …②

(1) 式①の $[Na^+]$ に式②の $[Na^+] = [HCO_3^-] + [H_2CO_3] + [CO_3^{2-}]$ を代入する．

$$[H_2CO_3] + \cancel{[HCO_3^-]} + \cancel{[CO_3^{2-}]} + [H^+] = \cancel{[HCO_3^-]} + \cancel{2}[CO_3^{2-}] + [OH^-]$$

$$\underline{[H_2CO_3]} + [H^+] = \underline{[CO_3^{2-}]} + [OH^-] \quad \text{…①'}$$

$[OH^-]$ ← $\dfrac{K_w}{[H^+]}$ を代入

質量作用の法則で H^+ と OH^- に代えていく

(2) 式①' に以下の質量作用の法則を代入する．

・$K_{b_2} = \dfrac{[H_2CO_3][OH^-]}{[HCO_3^-]}$ → $[H_2CO_3]$を求める式にし，さらに $K_b \to K_a$，$[OH^-] \to [H^+]$に式を整理する．

$$[H_2CO_3] = \frac{K_{b_2}[HCO_3^-]}{[OH^-]} = \frac{\cancel{K_w}}{K_{a_1}} \times [HCO_3^-] \times \frac{[H^+]}{\cancel{K_w}}$$

$$= \frac{[HCO_3^-][H^+]}{K_{a_1}}$$ → ①'に代入する．

・$K_{a_2} = \dfrac{[CO_3^{2-}][H^+]}{[HCO_3^-]}$ → $[CO_3^{2-}]$ を求めるように式を整理する．

$$[CO_3^{2-}] = \frac{K_{a_2}[HCO_3^-]}{[H^+]}$$ → ①'に代入する．

①'は，$\dfrac{[HCO_3^-][H^+]}{K_{a_1}} + [H^+] = \dfrac{K_{a_2}[HCO_3^-]}{[H^+]} + \dfrac{K_w}{[H^+]}$ となる．

K_{a_1}と$[H^+]$で通分する．

$$[HCO_3^-][H^+]^2 + [H^+]^2 K_{a_1} = K_{a_1} K_{a_2}[HCO_3^-] + K_w K_{a_1}$$

$$[H^+]^2 = \frac{K_{a_1}K_{a_2}\boxed{[HCO_3^-]} + K_w K_{a_1}}{\boxed{[HCO_3^-]} + K_{a_1}}$$

→まだ残っているので消去する必要がある．
→さらに近似する．

近似　HCO_3^-はCO_3^{2-}やH_2CO_3になるが，そのK_{a_2}とK_{b_2}が小さいと考える．

つまり，

近似（1）　K_{a_2}とK_{b_2}が小さいとすれば，

$$\underset{C\text{s mol/L}}{NaHCO_3} \xrightarrow{100\%} Na^+ + HCO_3^- \underset{}{\overset{H_2O}{\rightleftarrows}} OH^- + H_2CO_3$$

$HCO_3^- \rightleftarrows CO_3^{2-} + H^+$

H_2Oとの反応は小さいと考える．

つまり，$[HCO_3^-] \fallingdotseq C_s$ mol/L と考えることができる．

$$\boxed{[H^+]^2 = \frac{K_{a_1} K_{a_2} C_s + K_{a_1} K_w}{C_s + K_{a_1}}}$$

さらに近似する．

$K_{a_1}K_{a_2}C_s \gg K_{a_1}K_w$ を近似する．

$K_{a_1} = 4 \times 10^{-7}$
(H_2CO_3)
$K_w = 1 \times 10^{-14}$

→$K_{a_1} \times K_w = \underset{\text{非常に小さい値}}{4 \times 10^{-21}}$

$K_{a_2} = 4 \times 10^{-11}$, $C_s \geqq 10^{-2}$ mol/L とすると,

$$K_{a_1} \times K_{a_2} \times C_s = 4 \times 10^{-7} \times 4 \times 10^{-11} \times 10^{-2}$$
$$= 4^2 \times 10^{-20}$$
$$= 1.6 \times 10^{-19}\ \text{mol/L}$$ となる.

この値は $K_{a_1} \times K_w$ より 100 倍大きいことになる.

これにより, $K_{a_1}K_{a_2}C_s \gg K_{a_1}K_w$ となり, 分子の $K_{a_1}K_{a_2}C_s + K_{a_1}K_w \fallingdotseq K_{a_1}K_{a_2}C_s$ になる.

さらに $C_s(=10^{-2}) \gg K_{a_1}(4 \times 10^{-7})$ であるので, 分母は $C_s + K_{a_1} \fallingdotseq C_s$ となる. したがって,

$$[\mathrm{H}^+]^2 = \frac{K_{a_1}K_{a_2}\cancel{C_s}}{\cancel{C_s}} = K_{a_1}K_{a_2}$$ が導かれる.

$$\boxed{[\mathrm{H}^+] = \sqrt{K_{a_1} \cdot K_{a_2}}}$$ ⋯▸ 濃度の項がない.

この式を pH で表すと $\mathrm{pH} = \dfrac{\mathrm{p}K_{a_1} + \mathrm{p}K_{a_2}}{2}$ で表される.

誘導からわかるように, この式は $NaHCO_3$ の濃度が薄い場合は適用できない.

$C_s = 10^{-2}$ mol/L 以上の場合, この式が適用できる.

$K_{a_1} = 4 \times 10^{-7}$　　$[\mathrm{H}^+] = \sqrt{4 \times 10^{-7} \times 4 \times 10^{-11}}$

$K_{a_2} = 4 \times 10^{-11}$　　$= \sqrt{16 \times 10^{-18}} = 4 \times 10^{-9}$

$$\mathrm{pH} = 9 - \log 4$$

$$\boxed{\mathrm{pH} = 8.4}$$

ある濃度以上であれば pH 8.4 になる ⇨ 一定の値を示す.

⇨胃酸過多, アシドーシスなどの医薬品として利用されている.

1-12 両性電解質（アミノ酸）

$NaHCO_3$ は酸としても塩基としても働く両性イオンである.

$$NaHCO_3 \longrightarrow HCO_3^- + Na^+$$

$$HCO_3^- + H_2O \underset{K_{a_1}}{\overset{K_{b_2}}{\rightleftharpoons}} H_2CO_3 + OH^-$$

$$HCO_3^- + H_2O \underset{K_{b_1}}{\overset{K_{a_2}}{\rightleftharpoons}} CO_3^{2-} + H_3O^+$$

H^+

このときの pH は，$pH = \frac{pK_{a_1} + pK_{a_2}}{2}$ で求められた．

生体に重要なアミノ酸も両性イオンである．したがって pH は $NaHCO_3$ と同様に考える．

アミノ酸の pH を求める

$$H_2N-CH(R)-COOH \quad \text{（一般式）}$$

↓水に溶かす

$$H_3^+N-CH(R)-COO^-$$ 等電点の形（pI 形）で存在する．

等電点　分子上のカチオンとアニオンの数が等しく，見かけ上電荷がゼロになる pH

塩基性の溶液中では，

$$H_3^+N-CH(R)-COO^- \underset{K_{b_1}}{\overset{OH^-}{\rightleftharpoons}} H_2N-CH(R)-COO^- + H_2O$$

（H^+ が H_3^+N から OH^- へ移る）

酸性の溶液中では，

$$H_3^+N-CH(R)-COO^- \underset{K_{a_1}}{\overset{H^+}{\rightleftharpoons}} H_3^+N-CH(R)-COOH$$

として存在する．

K_{a_1} と K_{b_1} の反応式として書き換えると，

酸としては，

$$H_3^+N-CH(R)-COOH \overset{K_{a_1}}{\rightleftharpoons} H_3^+N-CH(R)-COO^- + H^+$$

塩基としては，

$$H_2N-CH(R)-COO^- + H_2O \overset{K_{b_1}}{\rightleftharpoons} H_3^+N-CH(R)-COO^- + OH^-$$

酸としては，

$$K_{a_1} = \frac{[H_3^+N-RCH-COO^-][H^+]}{[H_3^+N-RCH-COOH]}$$

塩基としては，

$$K_{b_1} = \frac{[H_3^+N-RCH-COO^-][OH^-]}{[H_2N-RCH-COO^-]}$$

等電点では酸性側と塩基性側の物質はわずかで，ほぼ等しいと考える．

つまり，$[H_3^+N-RCH-COOH] \fallingdotseq [H_2N-RCH-COO^-]$ とする．

次に，$\frac{K_{a_1}}{K_{b_1}}$ の式を立てる．

$$\frac{K_{a_1}}{K_{b_1}} = \frac{[H_3{}^+N-RCH-COO^-][H^+]}{[H_3{}^+N-RCH-COOH]} \times \frac{[H_2N-RCH-COO^-]}{[H_3{}^+N-RCH-COO^-][OH^-]}$$

$$= \frac{[H^+]}{[OH^-]} \leftarrow \frac{K_w}{[H^+]}\text{を代入}$$

$$= \frac{[H^+]^2}{K_w}$$

$$[H^+]^2 = \frac{K_w}{K_{b_1}} K_{a_1}$$

$\frac{K_w}{K_{b_1}}$は共役な K_{a_2} とおくことができる.

$$H_2N-\underset{|}{\overset{R}{CH}}-COO^- + H_2O \underset{K_{a_2}}{\overset{K_{b_1}}{\rightleftharpoons}} H_3{}^+N-\underset{|}{\overset{R}{CH}}-COO^- + OH^-$$

$$[H^+]^2 = K_{a_2} \times K_{a_1}$$

$$\boxed{[H^+] = \sqrt{K_{a_1} \cdot K_{a_2}}}$$ → $NaHCO_3$ と同じ式になる.

↓

$$\boxed{pH = \frac{pK_{a_1} + pK_{a_2}}{2}}$$

アミノ酸も$[H^+]$を求める式の中に濃度の項がない. ある程度濃い溶液であれば, pH は pK_{a_1} と pK_{a_2} で決まる.

〈別の考え方〉

等電点をはさんでカチオン形とアニオン形が存在する. 解離式を以下に示す.

$$H_3{}^+N-\underset{|}{\overset{R}{CH}}-COOH \overset{K_{a_1}}{\rightleftharpoons} H_3N^+-\underset{|}{\overset{R}{CH}}-COO^- \overset{K_{a_2}}{\rightleftharpoons} H_2N-\underset{|}{\overset{R}{CH}}-COO^-$$

カチオン形　　　等電点 (pI)　　　アニオン形

pI は両側の K_{a_1} と K_{a_2} に支配される. その pH は pK_{a_1} と pK_{a_2} の中点と考えることができる.

$$pH = \frac{pK_{a_1} + pK_{a_2}}{2}$$

リシンの pH

アミノ酸のリシンは下記のように $pK_{a_1} = 2.2$, $pK_{a_2} = 8.9$, $pK_{a_3} = 10.28$ と 3 段階に解離する.

$$\underset{NH_3{}^+}{CH_2}(CH_2)_3-\underset{NH_3{}^+}{CH}-COOH \overset{K_{a_1}}{\rightleftharpoons} \underset{NH_3{}^+}{CH_2}(CH_2)_3-\underset{NH_3{}^+}{CH}-COO^- \overset{K_{a_2}}{\rightleftharpoons} \underset{NH_3{}^+}{CH_2}(CH_2)_3-\underset{NH_2}{CH}-COO^- \overset{K_{a_3}}{\rightleftharpoons} \underset{NH_2}{CH_2}(CH_2)_3-\underset{NH_2}{CH}-COO^-$$

+Ⅱ形　　　+Ⅰ形　　　等電点 (電荷 0)　　　−Ⅰ形

ある濃度のリシンを溶かした水溶液の pH は, 等電点が両側の解離定数に支配されると考える．つまり，この場合は，$\mathrm{p}K_{\mathrm{a}_2}$ と $\mathrm{p}K_{\mathrm{a}_3}$ である．よって，リシン溶液の pH は $\mathrm{p}I = (\mathrm{p}K_{\mathrm{a}_2} + \mathrm{p}K_{\mathrm{a}_3})/2 = (8.9 + 10.28)/2 = 9.59$ となり，塩基性を示す．したがって，リシンは塩基性アミノ酸である．

〈他のアミノ酸の例〉

・バリン　$\mathrm{p}K_{\mathrm{a}_1} = 2.2$，$\mathrm{p}K_{\mathrm{a}_2} = 9.7$

　$\mathrm{p}I = 5.95$

H_3C＼
　CH — CH — CH — COO^-
H_3C／
　　NH_3^+
　　バリン

・セリン　$\mathrm{p}K_{\mathrm{a}_1} = 2.2$，$\mathrm{p}K_{\mathrm{a}_2} = 9.2$，$\mathrm{p}I = 5.7$

・アスパラギン　$\mathrm{p}K_{\mathrm{a}_1} = 2.1$，$\mathrm{p}K_{\mathrm{a}_2} = 8.8$，$\mathrm{p}I = 5.45$

・チロシン　$\mathrm{p}K_{\mathrm{a}_1} = 2.2$，$\mathrm{p}K_{\mathrm{a}_2} = 9.1$，$\mathrm{p}I = 5.65$

例 題

■問 1　電解質水溶液の性質に関する記述の正誤について，正しい組合せはどれか．

a　モノプロトン酸 HA の解離定数を K_a とし，その溶液の濃度を C mol/L とするとき，その溶液の水素イオン濃度は $\sqrt{K_\mathrm{a}C}$ である．ただし，$H^+ \gg OH^-$，$C \gg H^+$ とする．

b　ギ酸イオンは，ブレンステッド-ローリーの定義による塩基である．

c　活量 a と活量係数 γ の関係は，溶液の濃度を C mol/L とすると，$a = C \times \gamma$ で表される．

d　両性電解質であるアミノ酸を水に溶かした溶液の pH は，非常に希薄な溶液以外は濃度に依存しない．

e　硫酸は第 1 解離が強酸で，第 2 解離は弱酸として働く．

	a	b	c	d	e
1	正	正	誤	誤	正
2	誤	誤	正	誤	誤
3	正	誤	正	誤	誤
4	正	正	正	正	正
5	誤	誤	誤	正	正

■正解　4

▶解説

d　等電点の値，濃度に依存しない．

■問 2　次の文章の〔　〕内に入る語句の正しい組合せはどれか．

大気中に存在する二酸化硫黄 SO_2 と〔　a　〕が水に吸収されると，それぞれ最終的には〔　b　〕と HNO_3 に変化し，水の pH が〔　c　〕酸性雨となり，環境や生態系に悪影響を与える可能性がある．

一般に，pH = 5.6 以下の雨を酸性雨と呼んでいる．

大気と平衡にある水は 1.5×10^{-5} mol L^{-1} の二酸化炭素 CO_2 を溶解している．反応は次のように表される．

$$CO_2 + H_2O \longrightarrow H_2CO_3 \qquad (1)$$

$$H_2CO_3 \overset{K_{a_1}}{\rightleftharpoons} H^+ + HCO_3^- \qquad (2)$$

$$HCO_3^- \overset{K_{a_2}}{\rightleftharpoons} H^+ + CO_3^{2-} \qquad (3)$$

式(2)の $pK_{a_1} = 6.46$，および(3)の $pK_{a_2} = 10.25$ である．水溶液は酸性であるため，式(3)と水自身の解離によるプロトンの影響を無視できるとすると，弱酸の溶液の pH を求める次式を用いて水溶液の pH が求められる．

$$pH = \frac{1}{2}pK_{a_1} - \frac{1}{2}\log C_A$$

ここで $C_A = 1.5 \times 10^{-5}$ mol L^{-1} および $\log 1.5 = 0.18$ とすると pH = 〔　d　〕となる．

	a	b	c	d
1	リン酸	H_2SO_4	上がり	0.82
2	窒素酸化物	H_2S	上がり	5.64
3	リン酸	H_2SO_4	下がり	6.64
4	窒素酸化物	H_2SO_4	下がり	5.64
5	窒素酸化物	H_2SO_3	下がり	0.82

■正解　4（出典 国試第 88 回　問 20）

▶解説

b　酸性雨には硫酸や硝酸が含まれる

c　酸性であるから pH は下がる

d　式に値を代入する．

$$pH = \frac{1}{2} \times 6.46 - \frac{1}{2}\log(1.5 \times 10^{-5}) = 5.64$$

まとめ　pH

1．希薄な強酸

1）1×10^{-7} mol/L HCl

$$HCl \longrightarrow H^+ + Cl^-$$

$$H_2O \rightleftharpoons H^+ + OH^-$$

電荷均衡式　$[H^+] = [Cl^-] + [OH^-]$　…①

質量均衡式　1×10^{-7} mol/L $= [Cl^-]$　…②

①に②を導入

$\mathbf{[H^+] = 1 \times 10^{-7} + [OH^-]}$

$[H^+] = 1 \times 10^{-7} + \dfrac{K_w}{[H^+]}$

$[H^+]^2 - 10^{-7}[H^+] - 10^{-14} = 0$

$[H^+] = 1.6 \times 10^{-7}$

pH = 6.79

2．弱　酸

1）0.1 mol/L CH_3COOH，$K_a = 1 \times 10^{-5}$ *

(1) $\mathbf{[H^+] = \sqrt{K_a C}}$ で解く．$[H^+] = \sqrt{1 \times 10^{-5} \times 0.1} = 1 \times 10^{-3}$

(2) 検討

① $[H^+] \gg [OH^-]$かどうか

$[H^+] \times 5\% > [OH^-]$

$1 \times 10^{-3} \times 5/100 > (1 \times 10^{-14}) / (1 \times 10^{-3})$

$5 \times 10^{-5} > 1 \times 10^{-11}$ → OK

② $C \gg [H^+]$かどうか

$0.1 \times 5/100 > 1 \times 10^{-3}$

$5 \times 10^{-3} > 1 \times 10^{-3}$ → OK

$\therefore [H^+] = \sqrt{K_a C} = 1 \times 10^{-3}$ とする．pH = 3

2）1×10^{-5} mol/L CH_3COOH，$K_a = 1 \times 10^{-5}$ *

(1) $[H^+] = \sqrt{K_a C}$，$[H^+] = \sqrt{1 \times 10^{-5} \times 10^{-5}} = 1 \times 10^{-5}$

(2) 検討

① $[H^+] \gg [OH^-]$　？

$1 \times 10^{-5} \times 5/100 > \dfrac{1 \times 10^{-14}}{1 \times 10^{-5}}$

$5 \times 10^{-7} > 1 \times 10^{-9}$ → OK

* $K_a = 1 \times 10^{-5}$ は，計算を容易にするための，便宜上の値である．正確な値は付録の表 a を参照のこと．

② $C \gg [H^+]$?

$1 \times 10^{-5} \times 5/100 > 1 \times 10^{-5}$

$5 \times 10^{-7} > 1 \times 10^{-5}$ → 不成立

この場合 $K_a = [H^+]^2/(C - [H^+])$ の二次方程式で解く．

$[H^+]^2 + K_a [H^+] - K_aC = 0$ に数値を代入．

$[H^+]^2 + 1 \times 10^{-5}[H^+] - 1 \times 10^{-5} \times 10^{-5} = 0$

$[H^+] = 0.62 \times 10^{-5}$ mol/L となる．

3）0.1 mol/L CH_3COOH の $[H^+]$ を用いて化学種濃度を求める．

$K_a = 1 \times 10^{-5}$ とする．

(1) $[CH_3COO^-] = [H^+]$と考え，

$[CH_3COO^-] = 1 \times 10^{-3}$ mol/L

(2) $[CH_3COOH] = C - [CH_3COO^-]$であるから，

$= 0.1 - 1 \times 10^{-3} = 0.099$ mol/L となる．

3．多塩基酸

ex）H_2CO_3，サリチル酸，リン酸など

一般に解離定数の大きさは $K_{a_1} : K_{a_2} : K_{a_3} = 1 : 10^{-3} : 10^{-6}$ であるから，$K_{a_1} \gg K_{a_2}$ と考え，

$[H^+] = \sqrt{K_{a_1}C}$ で解く．

0.1 mol/L H_2S の場合

$$H_2S \rightleftharpoons HS^- + H^+ \quad K_{a_1} = 1 \times 10^{-7}$$

$$HS^- \rightleftharpoons S^{2-} + H^+ \quad K_{a_2} = 1 \times 10^{-13}$$

$$H_2O \rightleftharpoons H^+ + OH^-$$

$$[H^+] = \sqrt{9 \times 10^{-8} \times 0.1} = 9.5 \times 10^{-5} \text{ mol/L}$$

検討

(1) $[H^+] \gg [OH^-]$ → OK

(2) $C \gg [H^+]$ → OK

$[H^+] = 9.5 \times 10^{-5}$ mol/L

$[HS^-] = [H^+] = 9.5 \times 10^{-5}$ mol/L

$[H_2S] = C - [HS^-] = 0.1 - 9.5 \times 10^{-5} =$ 約 0.1 mol/L

$[S^{2-}] = 1 \times 10^{-15}$ mol/L ← K_{a_2} と同じ

これは，$K_{a_2} = \dfrac{[S^{2-}][H^+]}{[HS^-]}$ から，$[H^+] = [HS^-]$を用いると，

$K_{a_2} = [S^{2-}]$となる．

4．塩の水溶液の pH

1）NaCl → 中性

2）CH_3COONa →弱塩基性

0.1 mol/L CH_3COONa，CH_3COOH の $K_a = 1 \times 10^{-5}$ *

$[OH^-] = \sqrt{K_b C}$ で解く．

$$= \sqrt{\frac{K_w}{K_a} \times C} = \sqrt{\frac{1 \times 10^{-14}}{1 \times 10^{-5}} \times 0.1} = 1 \times 10^{-5}$$

$[H^+] = 1 \times 10^{-9}$ mol/L

pH = 9

検討　(1)　$[OH^-] \gg [H^+]$

(2)　$C \gg [OH^-]$

3）NH_4Cl → 弱酸性

0.1 mol/L NH_4Cl　NH_3 の $K_b = 1 \times 10^{-5}$ *

$$[H^+] = \sqrt{\frac{K_w}{K_b} \times C} = \sqrt{\frac{1 \times 10^{-14}}{1 \times 10^{-5}} \times 0.1} = 1 \times 10^{-5}\ \text{mol/L}$$

pH = 5

検討　(1)　$[H^+] \gg [OH^-]$

(2)　$C \gg [H^+]$

4）$NaHCO_3$ → 両性電解質 → 濃度に依存しない

$[H^+] = \sqrt{K_{a_1} K_{a_2}}$

$K_{a_1} = 4 \times 10^{-7}$

$K_{a_2} = 6 \times 10^{-11}$

$$[H^+] = \sqrt{4 \times 10^{-7} \times 6 \times 10^{-11}} = \sqrt{24 \times 10^{-18}} = 4.9 \times 10^{-9}\ \text{mol/L}$$

pH = 8.3

5）CH_3COONH_4 → 弱酸と弱塩基からなる塩 → 濃度に依存しない

$$[H^+] = \sqrt{K_{a(\text{酢酸})} \times K_{a(NH_4^+)}} = \sqrt{1 \times 10^{-5} \times \frac{1 \times 10^{-14}}{1 \times 10^{-5}}}$$

（NH_3 の K_b）

$$= 1 \times 10^{-7}\ \text{mol/L}$$

pH = 7

課 題

(1)　大気中の二酸化炭素の増加は，海洋を酸性化している．
酸性化の理由と海洋の酸性化がもたらす問題を調査しなさい．

(2)　医薬品として炭酸水素ナトリウムが用いられる理由について調べなさい．

演習問題

問題 1　6.7×10^{-4} mol/L の水酸化ストロンチウム（$Sr(OH)_2$）水溶液の pH はいくらか．ただし，$Sr(OH)_2$ は強塩基である．　（正解：11.1）

問題 2　0.01 mol/L の酢酸溶液がある．この溶液の pH，電離度 α，CH_3COO^-，CH_3COOH の濃度を求めなさい．ただし，$K_a = 1 \times 10^{-5}$ とする．（電荷均衡，質量均衡，検討を忘れないこと）

（正解：pH 3.5，$\alpha = 3.16$，3.16×10^{-4} mol/L，96.8×10^{-4} mol/L）

問題 3　いま，pH 11 のアンモニア水溶液 1 L をつくりたい．何 g のアンモニアを 1 L の水に溶かせばよいか計算しなさい．ただし $K_b = 1.75 \times 10^{-5}$ とする．　（正解：0.97 g）

問題 4　0.01 mol/L の酢酸溶液 100 mL に，2×10^{-3} mol/L 塩酸 100 mL を混合したときの水素イオン濃度を求めなさい．また，塩酸の代わりに水 100 mL を加えたときと比べ，どのくらい酢酸の解離が抑えられたかを確かめなさい．ただし $K_a = 1 \times 10^{-5}$ とする．

（正解：1.05×10^{-3} mol/L，水添加 2.2×10^{-4} mol/L → 塩酸添加 4.7×10^{-5} mol/L）

問題 5　1.0×10^{-1} mol/L H_2S の水溶液を調製した．この溶液に関する以下の問に答えなさい．

ただし，$K_{a_1} = 1.0 \times 10^{-7}$，$K_{a_2} = 1.0 \times 10^{-13}$ とする．

(1) この溶液の電荷均衡式を書きなさい．

(2) この溶液の質量均衡式を書きなさい．

(3) 水素イオン濃度を求めなさい．

(4) この溶液の分子形（H_2S）濃度を求めなさい．

(5) この溶液の第 2 解離形（S^{2-}）濃度を求めなさい．

（正解：(3) 1×10^{-4} mol/L，(4) 0.099 mol/L，(5) 1×10^{-13} mol/L）

問題 6　サリチル酸（$C_6H_4(OH)COOH$：皮膚の角質軟化剤）を水に溶かして 0.1 mol/L 溶液を調製した．

この溶液を pH メーターで測定したところ，pH 2.0 を示した．

(1) サリチル酸の pK_{a_1} を求めなさい．ただし，$K_{a_1} \gg K_{a_2}$ とする．

(2) 溶液中の分子形（$C_6H_4(OH)COOH$）濃度を求めなさい．

(3) 第 1 解離形（$C_6H_4(OH)COO^-$）濃度を求めなさい．

(4) 第2解離形（$C_6H_4(O^-)COO^-$）濃度を機器分析で測定したところ，1.0×10^{-14} mol/L であった．pK_{a_2} を求めなさい．

（正解：(1) 3.0，(2) 0.09 mol/L，(3) 0.01 mol/L，(4) 14）

問題 7　$HClO_4$，HCl，HNO_3 の強酸物質を例にとり，水を溶媒とする水平効果について説明しなさい．図を用いてもよい．

問題 8　1×10^{-4} mol/L 酢酸ナトリウム水溶液の pH を求めなさい．ただし，酢酸の K_a は 1×10^{-5} である．　（正解：pH 7.52）

問題 9　C mol/L 塩化アンモニウム水溶液の水素イオン濃度を求める式を誘導しなさい．ただし，アンモニアの解離定数を K_b とする．（電荷均衡式，質量均衡式を立てて行うこと）

問題 10　多塩基酸塩 $NaHCO_3$ の水素イオン濃度は $[H^+] = \sqrt{K_{a_1} \times K_{a_2}}$ の式で求められる．電荷均衡式，質量均衡式，質量作用の法則を立てて式を導きなさい．

問題 11　次に示す物質のうち 0.1 mol/L と 0.01 mol/L の溶液で，液性（pH）が大きく変化する物質はどれか．1つ選びなさい．　（正解：**4**）

1　CH_3COONH_4　**2**　Na_2HPO_4　**3**　NaH_2PO_4　**4**　NH_4Cl

5　$NaHCO_3$

▶**解説**

解離したイオンが両性イオンまたは弱酸と弱塩基からなる塩の場合，pH は濃度（C mol/L）に依存しない．**4** を除く物質の水素イオンを求める式には濃度 C の項がない．

1　×　$[H^+] = \sqrt{K_a K_w / K_b}$，$K_a$ は酢酸，K_b は NH_3 の解離定数，弱酸と弱塩基からなる塩

2　×　$[H^+] = \sqrt{K_{a_2} K_{a_3}}$，　K_a はリン酸の解離定数

3　×　$[H^+] = \sqrt{K_{a_1} K_{a_2}}$，$K_a$ はリン酸の解離定数

4　○　$[H^+] = \sqrt{C K_w / K_b}$，$K_b$ は NH_3 の解離定数

5　×　$[H^+] = \sqrt{K_{a_1} K_{a_2}}$，$K_a$ は炭酸の解離定数

（**2**，**3** と **5** の物質は次のモル分率において図から求める方法が示されている．参照すること）

1-13　モル分率

今までは[H⁺]を算出することで分子形やイオン形の状態を把握した．ここでは，ある pH 環境下での物質の状態を予測するモル分率の算出について学ぶ．医薬品が生体の組織でどのような化学種（分子種，イオン種）で存在しているかを予測する重要な方法である．医薬品の薬理効果は「pH 分配説*」が示すように，物質の化学種で決まるといわれている．医薬品が水に溶けて，組織に運ばれ，そこでの pH により，どのような形をしているかを知ることは，薬剤の効果を理解するうえでも重要となる考え方である．

＊　**pH 分配説**　薬物が生体に作用するためには，細胞を通過する必要がある．このとき**薬物は疎水性（非イオン性）のほうが細胞に吸収されやすい**．その理由は，細胞膜（生体膜）が脂質二重層で構成されており，親水性（イオン性）の物質は脂質二重層（油層）と馴染まないことによる．解離しやすい物質には，分子形（非イオン形）とイオン形が存在する．イオン形では細胞に吸収されにくく，分子形のほうが吸収されやすいことになる．分子形とイオン形の比は pH により決定され，それによって薬物の吸収されやすさが変わることから，pH 分配説という名前が付いている．

1-13-1　弱酸のモル分率

$$\mathrm{HA} \underset{}{\overset{K_a}{\rightleftharpoons}} \mathrm{H^+} + \mathrm{A^-}$$

$$K_a = \frac{[\mathrm{H^+}][\mathrm{A^-}]}{[\mathrm{HA}]} \quad \Rightarrow \quad \boxed{\frac{[\mathrm{HA}]}{[\mathrm{A^-}]} = \frac{[\mathrm{H^+}]}{K_a}}$$

この式は，[HA] を分子形，[A⁻] をイオン形とすると，分子形とイオン形の比は，K_a が一定の値であるため，[H⁺] の関数で変化させることができる．言い換えれば，ある pH における分子形 / イオン形は pK_a を用いて簡単に求められる．上の式を pH と pK_a で示すと，

$$\frac{[\mathrm{HA}]}{[\mathrm{A^-}]} = 10^{\mathrm{p}K_a - \mathrm{pH}} \qquad \frac{[\text{分子形}]}{[\text{イオン形}]} = 10^{\mathrm{p}K_a - \mathrm{pH}}$$

ここで，$\frac{[\mathrm{H^+}]}{K_a}$ の pH と pK_a への変換は次のように行う．

最初に換算のため，$x = \frac{[\mathrm{H^+}]}{K_a}$ とする．

両辺を対数にする.

$$\log x = \log[H^+] - \log K_a = pK_a - pH$$

$$x = 10^{pK_a - pH}$$

$$\therefore \quad \frac{[HA]}{[A^-]} = 10^{pK_a - pH}$$

・溶液の pH が pK_a より小さいとき　分子形＞イオン形

・溶液の pH ＝ pK_a のとき　分子形＝イオン形

・溶液の pH が pK_a より大きいとき　分子形＜イオン形

以上の式を用いると，経口投与されたアスピリンの形が容易に推測できる.

消化器官におけるアスピリンの形を推測する

アスピリン（pK_a ＝ 3.5）は**図 1-4** のように解離する.

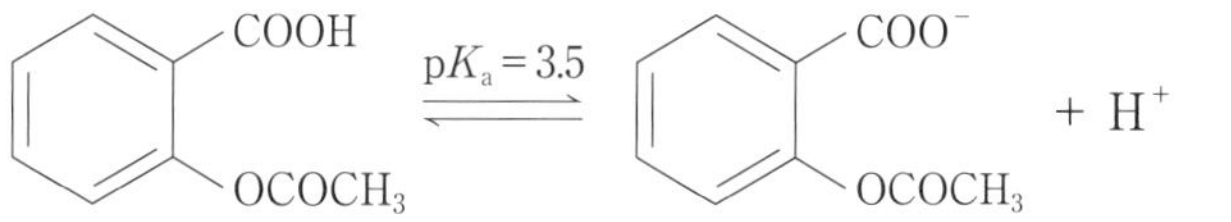

$$\text{C}_6\text{H}_4(\text{COOH})(\text{OCOCH}_3) \underset{}{\overset{pK_a = 3.5}{\rightleftharpoons}} \text{C}_6\text{H}_4(\text{COO}^-)(\text{OCOCH}_3) + H^+$$

図 1-4　アスピリンの解離

アスピリンを経口投与したとき，胃と腸内ではどのような形（化学種：分子形とイオン形）で存在するのかを知る必要がある．なぜなら，前述のとおり，生体膜はイオン形をほとんど通さず，薬物は分子形のみが薬効を示すためである．アスピリンは胃と腸どちらでより薬理効果があるのか，以下のモル分率の式を立て考察してみよう.

胃（pH 1.5）と腸（pH 8.5）におけるアスピリンの化学種の存在比は次のように求められる.

胃（pH 1.5）

$$\frac{[\text{分子形}]}{[\text{イオン形}]} = 10^{3.5-1.5} = 10^2 = \frac{100}{1}$$

分子形：イオン形＝ 100：1 で存在する.

→ ほとんどが分子形である.

腸（pH 8.5）

$$\frac{[\text{分子形}]}{[\text{イオン形}]} = 10^{3.5-8.5} = 10^{-5} = \frac{1}{100\,000}$$

分子形：イオン形＝ 1：100 000 で存在する.

→ ほとんどがイオン形である.

このことからアスピリンは腸ではほとんど膜を通過できず，胃で薬理効果があることがわかる．

1-13-2　一塩基酸のモル分率

pH 変化による［HA］，［A⁻］の濃度の変化を質量均衡式を用いて求める．

1. 分子形のモル分率 $\dfrac{[\mathrm{HA}]}{C}$

未解離の HA が総 HA（分子形とイオン形の合計，C mol/L）中にどれだけあるかを求める式を立てる．

分子にある項と同じ項で分母をくくる

$$\frac{\mathrm{HA}(\text{未解離})}{C}=\frac{[\mathrm{HA}]}{[\mathrm{HA}]+[\mathrm{A}^-]}=\frac{[\mathrm{HA}]}{[\mathrm{HA}]\left(1+\dfrac{[\mathrm{A}^-]}{[\mathrm{HA}]}\right)}$$

質量均衡式を代入する
C mol/L ＝［HA］＋［A⁻］
（元の濃度）

$$=\frac{1}{1+\dfrac{[\mathrm{A}^-]}{[\mathrm{HA}]}}$$

代入

質量作用の法則から，$\dfrac{[\mathrm{A}^-]}{[\mathrm{HA}]}=\dfrac{K_{a_1}}{[\mathrm{H}^+]}$ とし，

$$=\frac{1}{1+\dfrac{K_a}{[\mathrm{H}^+]}}$$

$$\boxed{\frac{[\mathrm{HA}]}{C}=\frac{[\mathrm{H}^+]}{[\mathrm{H}^+]+K_{a_1}}}$$

$\dfrac{K_a}{[\mathrm{H}^+]}=x$ とおき，
$\log x=\log K_a-\log[\mathrm{H}^+]$
$\rightarrow \log x=\mathrm{pH}-\mathrm{p}K_a$
$x=10^{\mathrm{pH}-\mathrm{p}K_a}$

もし，pH と pK_a で表すなら，

$$\frac{[\mathrm{HA}]}{C}=\frac{1}{1+10^{\mathrm{pH}-\mathrm{p}K_a}}$$

となる．

2. イオン形のモル分率 $\dfrac{[\mathrm{A}^-]}{C}$

解離した A⁻が総 HA（C mol/L）中でどれだけあるか？という式を立てる．

$$\frac{[\mathrm{A}^-]}{C}=\frac{[\mathrm{A}^-]}{[\mathrm{HA}]+[\mathrm{A}^-]}=\frac{[\mathrm{A}^-]}{[\mathrm{A}^-]\left(\dfrac{[\mathrm{HA}]}{[\mathrm{A}^-]}+1\right)}=\frac{1}{1+\dfrac{[\mathrm{HA}]}{[\mathrm{A}^-]}}$$

代入

$$\frac{[\mathrm{HA}]}{[\mathrm{A}^-]}=\frac{[\mathrm{H}^+]}{K_a}$$

$$=\frac{1}{1+\dfrac{[\mathrm{H}^+]}{K_a}}$$

$$\frac{[\mathrm{A}^-]}{C} = \frac{K_{a_1}}{K_{a_1} + [\mathrm{H}^+]}$$

同様に pH と pK_a で表すと，

$$\frac{[\mathrm{A}^-]}{C} = \frac{1}{1 + 10^{\mathrm{p}K_a - \mathrm{pH}}}$$ となる．

3. モル分率のグラフ

以上の計算式を用いて pH 1 ～ 14 と変化させたときの分子形とイオン形のモル分率を求める．

$$\left.\begin{array}{l} \mathrm{pH} = \quad 1,\quad 2,\quad 3 \cdots\cdots 14 \\ [\mathrm{H}^+] = 10^{-1},\ 10^{-2},\ 10^{-3} \cdots\cdots 10^{-14} \end{array}\right\}$$

を，$\frac{[\mathrm{HA}]}{C}$ と $\frac{[\mathrm{A}^-]}{C}$ の式に代入し，横軸に pH，縦軸に各々のモル分率の値をプロットすると**図 1-5** のグラフが得られる．

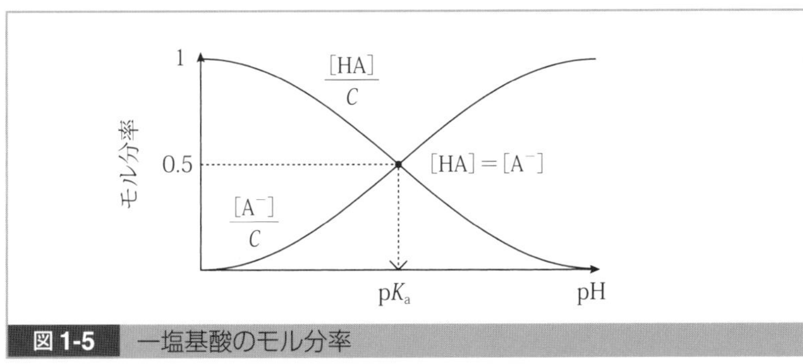

図 1-5 一塩基酸のモル分率

モル分率が 0.5 のときは分子形とイオン形の濃度が等しい．つまり [HA] = [A⁻]である．

質量作用の法則から

$$K_a = \frac{[\mathrm{H}^+][\mathrm{A}^-]}{[\mathrm{HA}]} = [\mathrm{H}^+]$$

$$\therefore [\mathrm{H}^+] = K_a \longrightarrow \mathrm{pH} = \mathrm{p}K_a$$ となる．

これは，溶液の pH を薬物の pK_a の値にすると，分子形とイオン形は同濃度に存在することを意味する．すなわち，pK_a 値より酸性側では，分子形＞イオン形，塩基性側では，分子形＜イオン形になる．

例として酢酸の解離を考える

$$CH_3COOH \rightleftharpoons CH_3COO^- + H^+$$

pK_a > pH → $[CH_3COOH] > [CH_3COO^-]$

pK_a = pH → $[CH_3COOH] = [CH_3COO^-]$

pK_a < pH → $[CH_3COOH] < [CH_3COO^-]$

1-13-3 二塩基酸のモル分率

ジプロトン酸 H_2A　　ex）H_2CO_3

$$H_2A \underset{}{\overset{K_{a_1}}{\rightleftharpoons}} H^+ + HA^-$$

$$HA^- \underset{}{\overset{K_{a_2}}{\rightleftharpoons}} H^+ + A^{2-}$$

最初に K_{a_1}, K_{a_1}, $K_{a_1} \times K_{a_2}$, 質量均衡式を立てる.

$$(1)\quad K_{a_1} = \frac{[H^+][HA^-]}{[H_2A]},\quad (2)\quad K_{a_2} = \frac{[H^+][A^{2-}]}{[HA^-]}$$

$$(3)\quad K_{a_1} \times K_{a_2} = \frac{[H^+]\cancel{[HA^-]}}{[H_2A]} \times \frac{[H^+][A^{2-}]}{\cancel{[HA^-]}} = \frac{[H^+]^2[A^{2-}]}{[H_2A]}$$

質量均衡式　$C = [HA^-] + [A^{2-}] + [H_2A]$

1. 分子形のモル分率 $\frac{[H_2A]}{C}$

未解離の H_2A が総 H_2A(C mol/L)中にどれだけあるかを求める式を立てる.

$$\frac{[H_2A]}{C} = \frac{[H_2A]}{[H_2A] + [HA^-] + [A^{2-}]}$$

$$= \frac{\cancel{[H_2A]}}{\cancel{[H_2A]}\left(1 + \frac{[HA^-]}{[H_2A]} + \frac{[A^{2-}]}{[H_2A]}\right)}$$

分子の項と同じ項で分母をくくり，次に同じ項を消去する.

$$= \frac{1}{1 + \frac{[HA^-]}{[H_2A]} + \frac{[A^{2-}]}{[H_2A]}}$$

← 代入

(1) から $\frac{[HA^-]}{[H_2A]} = \frac{K_{a_1}}{[H^+]}$

(3) から $\frac{[A^{2-}]}{[H_2A]} = \frac{K_{a_1}K_{a_2}}{[H^+]^2}$

$$= \frac{1}{1 + \frac{K_{a_1}}{[H^+]} + \frac{K_{a_1}K_{a_2}}{[H^+]^2}}$$

さらに通分すると,

$$\boxed{\frac{[H_2A]}{C} = \frac{[H^+]^2}{[H^+]^2 + K_{a_1}[H^+] + K_{a_1}\cdot K_{a_2}}}$$

となる.

2. 第１解離形のモル分率 $\frac{[HA^-]}{C}$

$$\frac{[HA^-]}{C} = \frac{[HA^-]}{[H_2A] + [HA^-] + [A^{2-}]}$$

$$= \frac{\cancel{[HA^-]}}{\cancel{[HA^-]}\left(\frac{[H_2A]}{[HA^-]} + 1 + \frac{[A^{2-}]}{[HA^-]}\right)}$$

(1)，(2) を代入

$$= \frac{1}{\frac{[H^+]}{K_{a_1}} + 1 + \frac{[K_{a_2}]}{[H^+]}} = \frac{K_{a_1}[H^+]}{[H^+]^2 + K_{a_1}[H^+] + K_{a_1}K_{a_2}}$$

$$\boxed{\frac{[HA^-]}{C} = \frac{K_{a_1}[H^+]}{[H^+]^2 + K_{a_1}[H^+] + K_{a_1}K_{a_2}}}$$ となる.

3. 第２解離形のモル分率 $\frac{[A^{2-}]}{C}$

$$\frac{[A^{2-}]}{C} = \frac{[A^{2-}]}{[H_2A] + [HA^-] + [A^{2-}]}$$

$$= \frac{\cancel{[A^{2-}]}}{\cancel{[A^{2-}]}\left(\frac{[H_2A]}{[A^{2-}]} + \frac{[HA^-]}{[A^{2-}]} + 1\right)}$$ ← (3)，(2) を代入

$$= \frac{1}{\frac{[H^+]^2}{K_{a_1}K_{a_2}} + \frac{[H^+]}{[K_{a_2}]} + 1}$$

$$\boxed{\frac{[A^{2-}]}{C} = \frac{K_{a_1}K_{a_2}}{[H^+]^2 + K_{a_1}[H^+] + K_{a_1}K_{a_2}}}$$ となる.

pH 1 ～ pH 14 で求めた各々のモル分率を pH に対してプロットすると**図 1-6** が得られる.

・$[H_2A] = [HA^-]$ の A 点の pH は K_{a_1} の質量作用の法則から,

$$K_{a_1} = \frac{[H^+]\cancel{[HA^-]}}{\cancel{[H_2A]}}$$

$[H^+] = K_{a_1}$ ⟶ pH = pK_{a_1} になる.

・$[HA^-] = [A^{2-}]$ の C 点の pH は K_{a_2} の質量作用の法則から,

$$K_{a_2} = \frac{[H^+]\cancel{[A^{2-}]}}{\cancel{[HA^-]}}$$

$[H^+] = K_{a_2}$ ⟶ pH = pK_{a_2} になる.

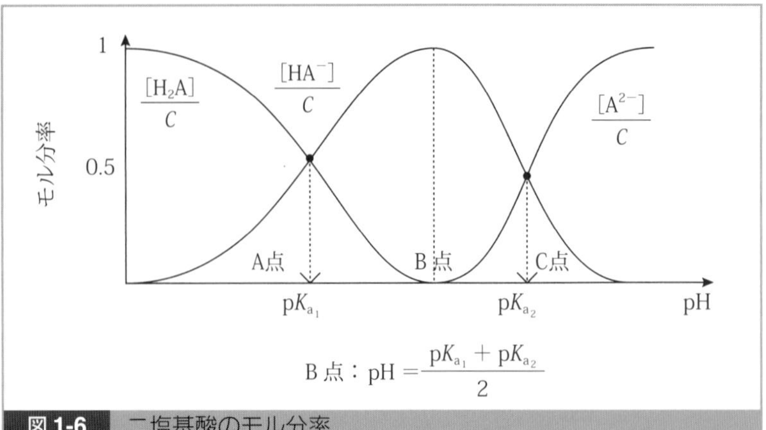

図 1-6　二塩基酸のモル分率

・$[HA^-]$が最大に達するB点でのpHは，pK_{a_1}とpK_{a_2}の中間に相当するから，

$$pH=\frac{pK_{a_1}+pK_{a_2}}{2}\longrightarrow [H^+]=\sqrt{K_{a_1}K_{a_2}}$$ の式になる．

この**図 1-6** を用いると$NaHCO_3$のpHが容易に求められる．

$NaHCO_3$を水に溶かすと$NaHCO_3 \longrightarrow Na^+ + HCO_3^-$で，その後の解離を無視すると$HCO_3^-$イオンが最大になる．図 1-6 を$H_2CO_3$に置き換えると$HCO_3^-$が最大になるB点は，$NaHCO_3$が解離したときと同じpHと考えることができる．

$$NaHCO_3 の pH=\frac{pK_{a_1}+pK_{a_2}}{2}$$

1-13-4　三塩基酸のモル分率

3段階で解離する物質も同様な方法で解くことができる．

$$H_3A \rightleftharpoons H_2A^- + H^+$$
$$H_2A^- \rightleftharpoons HA^{2-} + H^+$$
$$HA^{2-} \rightleftharpoons A^{3-} + H^+$$

(1) $K_{a_1}=\frac{[H_2A^-][H^+]}{[H_3A]}$　　(2) $K_{a_2}=\frac{[HA^{2-}][H^+]}{[H_2A^-]}$

(3) $K_{a_3}=\frac{[A^{3-}][H^+]}{[HA^{2-}]}$　　(4) $K_{a_1}K_{a_2}=\frac{[HA^{2-}][H^+]^2}{[H_3A]}$

(5) $K_{a_2}K_{a_3}=\frac{[A^{3-}][H^+]^2}{[H_2A^-]}$　　(6) $K_{a_1}K_{a_2}K_{a_3}=\frac{[A^{3-}][H^+]^3}{[H_3A]}$

濃度 C mol/L の質量均衡式は，

$$C\ \mathrm{mol/L}=[H_3A]+[H_2A^-]+[HA^{2-}]+[A^{3-}]$$

1. 分子形のモル分率 $\frac{[H_3A]}{C}$

$$\frac{[H_3A]}{C}=\frac{[H_3A]}{([H_3A]+[H_2A^-]+[HA^{2-}]+[A^{3-}])}$$

とし，分子の項と同じ項で分母を割り，

$$=\frac{[H_3A]}{[H_3A]\left(1+\frac{[H_2A^-]}{[H_3A]}+\frac{[HA^{2-}]}{[H_3A]}+\frac{[A^{3-}]}{[H_3A]}\right)}$$

$$=\frac{1}{1+\frac{[H_2A^-]}{[H_3A]}+\frac{[HA^{2-}]}{[H_3A]}+\frac{[A^{3-}]}{[H_3A]}}$$

式 (1), (4), (6) を代入

$$=\frac{1}{1+\frac{K_{a_1}}{[H^+]}+\frac{K_{a_1}K_{a_2}}{[H^+]^2}+\frac{K_{a_1}K_{a_2}K_{a_3}}{[H^+]^3}}$$

$$\therefore\frac{[H_3A]}{C}=\frac{[H^+]^3}{[H^+]^3+K_{a_1}[H^+]^2+K_{a_1}K_{a_2}[H^+]+K_{a_1}K_{a_2}K_{a_3}}\quad\cdots①$$

が得られる．

2. イオン形のモル分率 $\frac{[H_2A^-]}{C}$, $\frac{[HA^{2-}]}{C}$, $\frac{[A^{3-}]}{C}$

以下同様に，

$$\frac{[H_2A^-]}{C}=\frac{[H_2A^-]}{([H_3A]+[H_2A^-]+[HA^{2-}]+[A^{3-}])}$$

$$=\frac{K_{a_1}[H^+]^2}{([H^+]^3+K_{a_1}[H^+]^2+K_{a_1}K_{a_2}[H^+]+K_{a_1}K_{a_2}K_{a_3})}\quad\cdots②$$

$$\frac{[HA^{2-}]}{C}=\frac{[HA^{2-}]}{([H_3A]+[H_2A^-]+[HA^{2-}]+[A^{3-}])}$$

$$=\frac{K_{a_1}K_{a_2}[H^+]}{([H^+]^3+K_{a_1}[H^+]^2+K_{a_1}K_{a_2}[H^+]+K_{a_1}K_{a_2}K_{a_3})}\quad\cdots③$$

$$\frac{[A^{3-}]}{C}=\frac{[A^{3-}]}{([H_3A]+[H_2A^-]+[HA^{2-}]+[A^{3-}])}$$

$$=\frac{K_{a_1}K_{a_2}K_{a_3}}{([H^+]^3+K_{a_1}[H^+]^2+K_{a_1}K_{a_2}[H^+]+K_{a_1}K_{a_2}K_{a_3})}\quad\cdots④$$

ポイント

式①〜④をみると，分母はすべて同じである．分子の項をみると式①では分母の第 1 項と同じである．式②では同様に分母の第 2 項と同じになっている．以下，式③，式④の分子も，分母の第 3 項，第 4 項と同じである．したがって，式①を誘導できれば，式②〜④は容易に組み立てることが可能である．

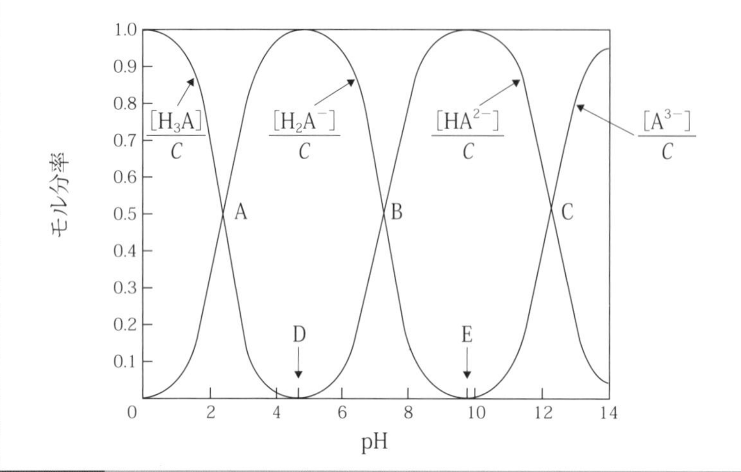

図 1-7 三塩基酸のモル分率

図 1-7 の交点 A，B，C，D，E の pH を求める．

A 点：$[H_3A] = [H_2A^-]$ である．

$$K_{a_1} = \frac{\cancel{[H_2A^-]}[H^+]}{\cancel{[H_3A]}}$$

$$= [H^+]$$

$$pH = pK_{a_1}$$

B 点：$[H_2A^-] = [HA^{2-}]$ である．

$$K_{a_2} = \frac{\cancel{[HA^{2-}]}[H^+]}{\cancel{[H_2A^-]}}$$

$$= [H^+]$$

$$pH = pK_{a_2}$$

C 点：$[HA^{2-}] = [A^{3-}]$ である．

$$K_{a_3} = \frac{\cancel{[A^{3-}]}[H^+]}{\cancel{[HA^{2-}]}}$$

$$= [H^+]$$

$$pH = pK_{a_3}$$

D 点：A 点と B 点の中間と考えると，$\dfrac{pK_{a_1} + pK_{a_2}}{2}$

E 点：B 点と C 点の中間と考えると，$\dfrac{pK_{a_2} + pK_{a_3}}{2}$

図 1-7 から NaH_2PO_4 水溶液と Na_2HPO_4 水溶液の pH を求めてみよう．

最初に**図 1-7** のグラフに H_3PO_4 の解離をあてはめる．

D 点は $H_2PO_4^-$ が最大になる pH，E 点は HPO_4^{2-} が最大になる pH である．

NaH_2PO_4 を水に溶かすと以下のように解離する．

$$NaH_2PO_4 \longrightarrow Na^+ + H_2PO_4^-$$

$H_2PO_4^-$ の解離を無視すると，溶液中の $H_2PO_4^-$ が最大になる．そのときの pH は $\dfrac{pK_{a_1} + pK_{a_2}}{2}$ に相当する．

同様に Na_2HPO_4 の解離を考える．

$$Na_2HPO_4 \longrightarrow 2Na^+ + HPO_4^{2-}$$

HPO_4^{2-} が最大になると仮定すると，$pH = \dfrac{pK_{a_2} + pK_{a_3}}{2}$ となる．

以上をまとめると，

$$NaH_2PO_4 \text{ は，} pH = \frac{pK_{a_1} + pK_{a_2}}{2}$$

$$Na_2HPO_4 \text{ は，} pH = \frac{pK_{a_2} + pK_{a_3}}{2}$$

で求められる．

1-13-5　塩基性物質のモル分率

同様に塩基性物質のモル分率を考えてみよう．

$$B + H_2O \rightleftharpoons BH^+ + OH^-$$

のように解離する．

$$K_b = \frac{[BH^+][OH^-]}{[B]}$$

$$C = [B] + [BH^+]$$

$\dfrac{[B]}{C}$，$\dfrac{[BH^+]}{C}$ を求める．

① $$\frac{[B]}{C} = \frac{[B]}{[B] + [BH^+]} = \frac{[B]}{[B]\left(1 + \dfrac{[BH^+]}{[B]}\right)}$$

$$= \frac{1}{1 + \frac{[BH^+]}{[B]}}$$

$$= \frac{1}{1 + \frac{K_b}{[OH^-]}}$$

$$= \frac{1}{1 + \frac{[H^+]}{K_a}}$$

K_a，H^+に変換する．

$K_b = \frac{K_w}{K_a}$

$[OH^-] = \frac{K_w}{[H^+]}$

$$= \frac{K_a}{K_a + [H^+]}$$

または $\frac{[B]}{C} = \frac{1}{1 + 10^{pK_a - pH}}$

② $\frac{[BH^+]}{C} = \frac{[BH^+]}{[B] + [BH^+]}$

$$= \frac{[BH^+]}{[BH^+]\left(\frac{[B]}{[BH^+]} + 1\right)}$$

$$= \frac{1}{1 + \left(\frac{[B]}{[BH^+]}\right)}$$

$$= \frac{1}{1 + \frac{[OH^-]}{K_b}}$$

$$= \frac{1}{1 + \frac{K_a}{[H^+]}}$$

$$= \frac{[H^+]}{[H^+] + K_a}$$

または $\frac{[BH^+]}{C} = \frac{1}{1+10^{pH - pK_a}}$

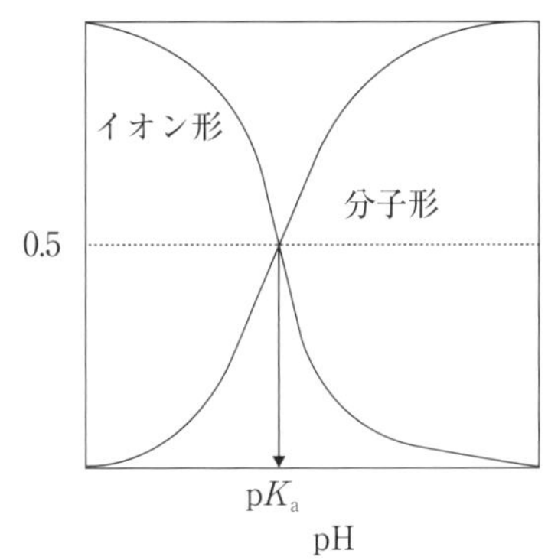

pK_a 値を境にして，
塩基側では分子形＞イオン形
酸性側では分子形＜イオン形
になる．
→ 酸性物質とは逆になる．

例 題

■**問 1**　アスパラギン酸は溶液の液性により 3 段階に解離する．以下の記述について正誤の正しい組合せはどれか．

ただし，解離定数は pK_{a_1} = 2.09，pK_{a_2} = 3.86，pK_{a_3} = 9.82 とする．

COOH		COOH		COO^-		COO^-
|	pK_{a_1}	|	pK_{a_2}	|	pK_{a_3}	|
CH_2	$\underset{+H^+}{\overset{-H^+}{\rightleftharpoons}}$	CH_2	$\underset{+H^+}{\overset{-H^+}{\rightleftharpoons}}$	CH_2	$\underset{+H^+}{\overset{-H^+}{\rightleftharpoons}}$	CH_2
|		|		|		|
$CH-NH_3^+$		$CH-NH_3^+$		$CH-NH_3^+$		$CH-NH_2$
|		|		|		|
COOH		COO^-		COO^-		COO^-
荷電 +1		荷電 0		荷電 −1		荷電 −2

a　0.01 mol のアスパラギン酸を水に溶かし，全量 1 L にした溶液は pH 2.0 を示す．

b　アスパラギン酸の溶液に塩基を加え pH 9.82 にすると，荷電 −1 と荷電 −2 のイオン形がほぼ同量存在することになる．

c　アスパラギン酸を pH 3.0 の緩衝液に溶かし，電気泳動すると，陰極に向かって移動する．

	a	b	c
1	正	正	正
2	正	正	誤
3	誤	正	正
4	誤	正	誤
5	誤	誤	正
6	誤	誤	誤

■**正解**　4

▶**解説**

次のような図を描くことにより解く．

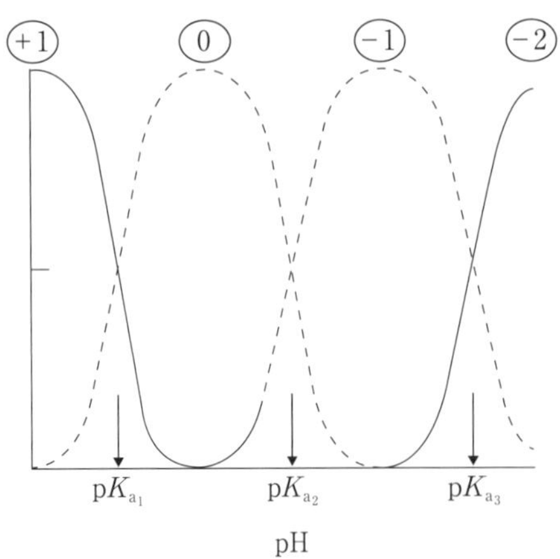

a　等電点の pH を示す．$(pK_{a_1} + pK_{a_2})/2$ = 約 3.0

c　等電点の pH のため，移動しない．

■**問 2**　安息香酸（$C_7H_6O_2$ の分子量 = 122，$K_a = 6 \times 10^{-5}$）を胃液と腸液に溶解したとき，分子形とイオン形の比に最も近い数値の組合せはどれか．ただし，胃液，腸液の pH はそれぞれ pH 2 と pH 8 とする．

	分子形：イオン形	
	胃液	腸液
1	$1 : 6 \times 10^{-3}$	$1 : 6 \times 10^{3}$
2	$1 : 6 \times 10^{3}$	$1 : 6 \times 10^{-3}$
3	$1 : 6 \times 10^{-3}$	$6 \times 10^{-3} : 1$
4	$6 \times 10^{-3} : 1$	$6 \times 10^{3} : 1$
5	$6 \times 10^{3} : 1$	$6 \times 10^{-3} : 1$
6	$6 \times 10^{-3} : 1$	$1 : 6 \times 10^{-3}$

■**正解**　1

▶**解説**

$K_a = [H^+][A^-]/[HA] \rightarrow [HA]/[A^-] = [H^+]/K_a$

[HA] = 分子形，$[A^-]$ = イオン形

pH 2 のとき，分子形 / イオン形 = $10^{-2}/(6 \times 10^{-5}) = 1/(6 \times 10^{-3})$

pH 8 のとき，分子形 / イオン形 = $10^{-8}/(6 \times 10^{-5}) = 1/(6 \times 10^{3})$

■**問 3**　図は三塩基酸（H_3Y）のモル分率と pH との関係を示したものである．

図中 A ～ E における記述として正しいものはどれか．

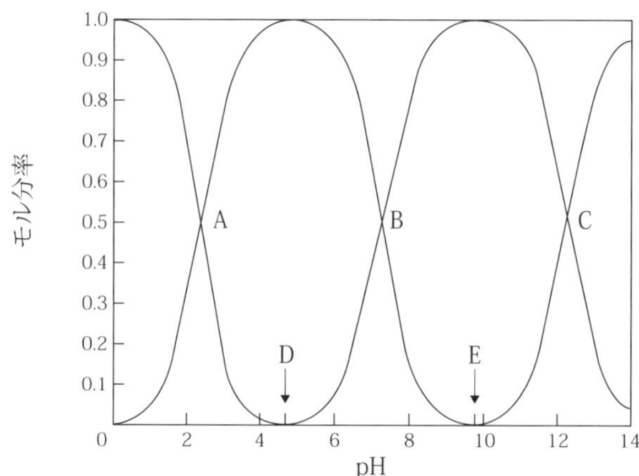

1　曲線の交点 A では，H_3Y と HY^{2-} のモル比は 1：1 である．

2　曲線の交点 B では，H_2Y^- と HY^{2-} のモル比は 1：1 である．

3　曲線の交点 C では，H_2Y^- と Y^{3-} のモル比は 1：1 である．

4　D 点において，最も多く存在する化学種は HY^{2-} である．

5　E 点において，最も多く存在する化学種は H_2Y^- である．

■**正解　2**

▶**解説**

1　曲線の交点 A では，H_3Y と H_2Y^- のモル比は 1：1 である．

3　曲線の交点 C では，HY^{2-} と Y^{3-} のモル比は 1：1 である．

4　D 点において，最も多く存在する化学種は H_2Y^- である．

5　E 点において，最も多く存在する化学種は HY^{2-} である．

課 題

以下の物質の解離を例として，pH 分配説を説明しなさい．

アミノ基（$-NH_2$）を分子内にもつ薬物なら，酸性にすればイオン形が多く存在し，塩基性にすれば分子形が多く存在することになる．カルボキシル基（$-COOH$）を分子内にもつ薬物なら，酸性にすれば分子形が多く存在し，塩基性にすればイオン形が多く存在する．これらの薬物の生体への吸収について，膜の構成と pH との関係から説明しなさい．

まとめ　モル分率

1．分子形とイオン形の比は溶液の pH に依存する．

1 ）一塩基酸（HA）

$$\frac{[HA]}{[A^-]} = \frac{[分子形]}{[イオン形]} = \frac{[H^+]}{K_a}$$

$$= \frac{[分子形]}{[イオン形]} = 10^{pK_a - pH}$$

モル分率

$$\frac{[HA]}{C} = \frac{[H^+]}{([H^+] + K_a)} \qquad \frac{[A^-]}{C} = \frac{K_a}{([H^+] + K_a)}$$

2 ）二塩基酸のモル分率

$$\frac{[H_2A]}{C} = \frac{[H^+]^2}{([H^+]^2 + K_{a_1}[H^+] + K_{a_1}K_{a_2})}$$

$$\frac{[HA^-]}{C} = \frac{K_{a_1}[H^+]}{([H^+]^2 + K_{a_1}[H^+] + K_{a_1}K_{a_2})}$$

$$\frac{[A^{2-}]}{C} = \frac{K_{a_1}K_{a_2}}{([H^+]^2 + K_{a_1}[H^+] + K_{a_1}K_{a_2})}$$

3 ）三塩基酸のモル分率

本文参照

2．pK_a 値に相当する pH での化学種濃度の比

一塩基酸：[分子形]＝ [イオン形]

二塩基酸：pH ＝ pK_{a_1} のとき [分子形]＝[第 1 解離形イオン]

pH ＝ pK_{a_2} のとき

[第 1 解離形イオン]＝[第 2 解離形イオン]

三塩基酸：pH ＝ pK_{a_1} のとき [分子形]＝[第 1 解離形イオン]

pH ＝ pK_{a_2} のとき

[第 1 解離形イオン]＝[第 2 解離形イオン]

pH ＝ pK_{a_3} のとき

[第 2 解離形イオン]＝[第 3 解離形イオン]

演習問題

問題 1　下の図はある酸性化合物の化学種（イオン形または分子形）のモル分率と pH との関係を示したものである．次の記述 a ～ c の正誤について（　）内に○か×で答えなさい．

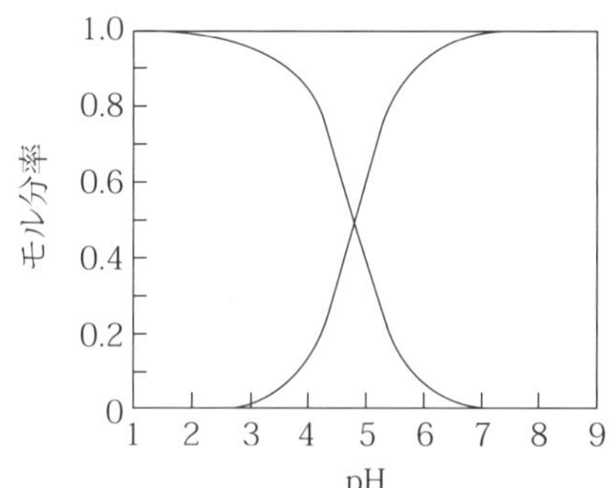

a　曲線の交点の pH は，その化合物の pK_a に等しい．（　　　）

b　曲線の交点の pH では，分子形の濃度は全体の半分である．（　　　）

c　pH 8 以上ではほぼ完全にイオン形として存在する．（　　　）

（正解：○，○，○）

問題 2　アスピリンの pK_a は 3.5 である．pH 4.5 での分子形とイオン形の濃度の割合を求めなさい．　　　（正解：分子形：イオン形 = 1：10）

問題 3　0.1 mol/L サリチル酸水溶液について算出されるそれぞれの pH を求めなさい．ただし，$pK_{a_1} = 3$，$pK_{a_2} = 13$ とし，また，塩基を添加することによる体積の変化は無視できるものとする．

(1)　この溶液に塩基を加えていき pH を変化させたところ，分子形濃度が約 0.05 mol/L になった．このときの pH はいくつか．

(2)　同様に塩基を加えていき，第一解離形濃度がほぼ 0.1 mol/L になる pH はいくつか．

(3)　塩基を加えて第二解離形濃度が約 0.05 mol/L になった．このときの pH はいくつか．

（正解：pH 3，pH 8，pH 13）

問題 4　アミノ酸のリシンは下記のように $pK_{a_1} = 2.2$，$pK_{a_2} = 8.9$，$pK_{a_3} = 10.28$ と 3 段階に解離する．以下の問に答えなさい．

$$\underset{+\mathrm{II}}{\mathrm{CH_2(NH_3^+)(CH_2)_3{-}CH(NH_3^+){-}COOH}} \underset{}{\overset{K_{a_1}}{\rightleftharpoons}} \underset{+\mathrm{I}}{\mathrm{CH_2(NH_3^+)(CH_2)_3{-}CH(NH_3^+){-}COO^-}} \overset{K_{a_2}}{\rightleftharpoons} \underset{\text{等電点}}{\mathrm{CH_2(NH_3^+)(CH_2)_3{-}CH(NH_2){-}COO^-}} \overset{K_{a_3}}{\rightleftharpoons} \underset{-\mathrm{I}}{\mathrm{CH_2(NH_2)(CH_2)_3{-}CH(NH_2){-}COO^-}}$$

(1)　等電点の値を求めなさい．

(2)　0.1 mol/L リシン溶液に酸を加えて＋Ⅱ型と＋Ⅰ型のイオン種濃度をそれぞれ約 0.05 mol/L にしたい．そのときの pH はいくらか．

(3)　電気泳動を用いてリシンを分離精製するとき，陰極の電極に向かって泳動させるには，泳動液の pH をどのようにすればよいか．

（正解：(pK_{a_2} ＋ pK_{a_3}) × 1/2 ＝ 9.59，pH 2.2，＋形にするので pH 5.55 以下）

問題 5　25℃におけるジアゼパム水溶液（20 μg/mL）の注射筒基材への吸着は pH 依存性を示す．pH 3.2 におけるジアゼパムの注射筒基材への吸着が 2.3 μg/mg であった．pH 7.0 における吸着に最も近い値（μg/mg）はどれか．1 つ選びなさい．ただし，ジアゼパムの pK_a ＝ 3.5，吸着によるジアゼパムの濃度変化は無視できるものとし，吸着は分子形薬物濃度に比例するものとする．また log 2 ＝ 0.30，log 3 ＝ 0.48 とする．

1　0.1　　**2**　2.0　　**3**　3.5　　**4**　5.5　　**5**　7.0

■**正解　5**（出典　国試第 99 回　問 197（物理・化学・生物））

▶**解説**

ジアゼパムが塩基性物質であることから，その解離式は以下のようになる．

$$\mathrm{B}\ (\text{分子形}) + \mathrm{H^+} \rightleftharpoons \mathrm{BH^+}\ (\text{イオン形})$$

質量作用の法則を共役な K_a で表すと，

$$K_a = \frac{[\mathrm{B}][\mathrm{H^+}]}{[\mathrm{BH^+}]} \quad \cdots ①$$

となり，次に分子形のモル分率 [B]/C を求める．全濃度 C mol/L に質量均衡式 $C = [\mathrm{BH^+}] + [\mathrm{B}]$ を代入，次に式①を代入すると，式②が得られる．

$$\frac{[\mathrm{B}]}{C} = \frac{[\mathrm{B}]}{[\mathrm{BH^+}]+[\mathrm{B}]} = \frac{[\mathrm{B}]}{[\mathrm{B}]\left(\dfrac{[\mathrm{BH^+}]}{[\mathrm{B}]}+1\right)} \quad \leftarrow ①\text{を代入}$$

$$= \frac{1}{\left(\dfrac{[\mathrm{H^+}]}{K_a}+1\right)} = \frac{1}{10^{pK_a - \mathrm{pH}}+1}$$

$$[\mathrm{B}] = \frac{C}{10^{pK_a - \mathrm{pH}}+1} \quad \cdots ②$$

(2) 式に $C = 20$ μg/mL，$pK_a = 3.5$ を代入し，pH 3.2 と pH 7.0 のときの分子形濃度を求める．pH 3.2 のとき分子形濃度は 6.66 μg/mL，pH 7.0 のとき 20 μg/mL が得られる．

吸着量を比で求める．

$$6.66 : 2.3 = 20 : x$$

$$x = 6.9 \ \mu g/mg$$

問題 6 注射用アルプロスタジルアルファデクス中の α-シクロデキストリンは，プロスタグランジン E_1 とモル比 1：1 で包接する．注射用アルプロスタジルアルファデクス（20 μg）を 25℃，1 mL 注射水に溶解した．このとき，65％のプロスタグランジン E_1 が α-シクロデキストリンから解離していた．プロスタグランジン E_1 の α-シクロデキストリンへの包接化の平衡定数（M^{-1}）として最も近いのはどれか．1 つ選びなさい．ただし，この注射用粉末にはプロスタグランジン E_1 が 56.4 nmol，α-シクロデキストリンが 685 nmol 含まれるとする．

1 8.1×10^2　**2** 9.0×10^2　**3** 9.0×10^3　**4** 8.1×10^4

5 9.0×10^5

■**正解** **1**（出典 国試第 100 回　問 198）

▶**解説**

プロスタグランジン E_1 を A，α-シクロデキストリンを B，包接化合物を AB として生成平衡定数を求める．

$$A + B \rightleftharpoons AB \qquad K = \frac{[AB]}{[A][B]}$$

$[A] = 56.4 \times \dfrac{65}{100} = 36.66$ nmol が解離している．

$[AB] = 56.4 - 36.66 = 19.74$ nmol に相当する．

$[B] = 685 - 19.74 = 665.26$ nmol が遊離している．

M（= mol/L）の単位に変換する．nmol → 1×10^{-9} mol → いまこのモル数が 1 mL 中にあるので 1 L あたりにすると，1×10^{-6} mol/L

したがって，

$$\frac{19.74 \times 10^{-6}}{(665.26 \times 10^{-6}) \times (36.66 \times 10^{-6})} = 8.1 \times 10^2$$

1-14 緩衝液（Buffer Solution）

1-14-1 緩　衝　液

緩衝液とは，弱酸とその塩，または弱塩基とその塩の混合液である．その特徴を以下に示す．

① 少量の酸や塩基を加えても pH の変化は少ない

② この溶液を水で希釈しても pH の変化は少ない

ex）酢酸の溶液がある．

$$CH_3COOH \rightleftharpoons CH_3COO^- + H^+$$

$$[H^+] = \sqrt{K_aC}$$

これに共通イオンである CH_3COO^-（CH_3COONa）を加えると，

共通イオンを加えると pH はどうなるか？

$$CH_3COOH \rightleftharpoons CH_3COO^- + H^+$$

$$CH_3COONa \xrightarrow{100\%} \underline{CH_3COO^-} + Na^+$$

CH_3COO^-が増えるため，CH_3COOH の解離反応では左向き（←）の反応が増加する．

つまり，共通イオンを加えることによって，CH_3COOH の解離は大きく抑えられる ⇨ その分 pH は高くなる．

1-14-2 緩衝液の pH

酢酸緩衝液

酢酸緩衝液は，弱酸とその塩である CH_3COOH と CH_3COONa からなる．C_a mol/L CH_3COOH と C_s mol/L CH_3COONa を含む緩衝液を例に説明する．

化学平衡はこの中で起こる

C_a mol/L　$CH_3COOH \rightleftharpoons CH_3COO^- + H^+$

$\qquad\qquad\qquad\qquad\qquad$ ‖

$CH_3COONa \xrightarrow{100\%} \underline{CH_3COO^-} + Na^+$

C_s mol/L $\qquad\qquad$ C_s mol/L

$K_a = 1.8 \times 10^{-5}$ と，とても小さい．

CH_3COO^-は酢酸ナトリウム濃度 C_s に相当する．これは塩が 100％解離するためである．

CH_3COO^-が加わると，CH_3COOHの解離は大きく減少する．その濃度はC_aに相当する．

[　　　] の枠内の平衡は，

$$K_a = \frac{[CH_3COO^-][H^+]}{[CH_3COOH]}$$

これに $[CH_3COO^-] \fallingdotseq C_s$，$[CH_3COOH] \fallingdotseq C_a$ を代入すると，

C_a mol/L に相当（解離が抑えられている）

$$[H^+] = K_a \times \frac{[CH_3COOH]}{[CH_3COO^-]}$$

C_s mol/L に相当（100% 電離）

$$\boxed{[H^+] = K_a \times \frac{C_a}{C_s}}$$ となる．

この式を質量均衡式，電荷均衡式を立てて導く．

① 質量均衡式

$$C_a + C_s = [CH_3COO^-] + [CH_3COOH]$$

$$C_s = [Na^+]$$

② 電荷均衡式

水の解離 $H_2O \rightleftharpoons H^+ + OH^-$ も考える．

$$[H^+] + [Na^+] = [CH_3COO^-] + [OH^-]$$

③ 質量作用則

平衡は前述の解離式の [　　　] の枠内で行われることから

$$K_a = \frac{[CH_3COO^-][H^+]}{[CH_3COOH]}$$

この式に①と②を整理した式を代入する．

C_sを代入

②から $[CH_3COO^-] = [H^+] + [Na^+] - [OH^-]$

$= [H^+] + C_s - [OH^-] = C_s + [H^+] - [OH^-]$ …②'

①から $[CH_3COOH] = C_a + C_s - [CH_3COO^-]$ ←②' を代入

$= C_a + C_s - (C_s + [H^+] - [OH^-])$

$= C_a - [H^+] + [OH^-]$ … ①'

③に①' と②' を代入

$$[H^+] = K_a \times \frac{[CH_3COOH]}{[CH_3COO^-]}$$

$$= K_a \times \frac{C_a - [H^+] + [OH^-]}{C_s + [H^+] - [OH^-]}$$

$$= K_a \times \frac{C_a - ([H^+] - [OH^-])}{C_s + [H^+] - [OH^-]}$$

この式を近似する.

$C_a \gg [H^+] - [OH^-]$

$C_s \gg [H^+] - [OH^-]$　なら,

$$\boxed{[H^+] = K_a \times \frac{C_a}{C_s}} \Rightarrow \boxed{pH = pK_a + \log \frac{C_s}{C_a}}$$ ← 重要な式である. 導けるように！

ヘンダーソン-ハッセルバルヒの式という.

(1) 緩衝液を水で希釈したときの pH は？

緩衝液は $C_a + C_s$ からなる.

↓

水で 10 倍に希釈した. ――→ 濃度は $\frac{C_a}{10}$, $\frac{C_s}{10}$ になる.

各々代入する.

$$[H^+] = K_a \times \frac{C_a/10}{C_s/10} = K_a \times \frac{C_a}{C_s}$$ ← 希釈しても希釈前と変わらない. つまり希釈しても pH は同じ.

(2) この溶液に少量の酸を加えたとき, 緩衝液の pH はどうなるか？

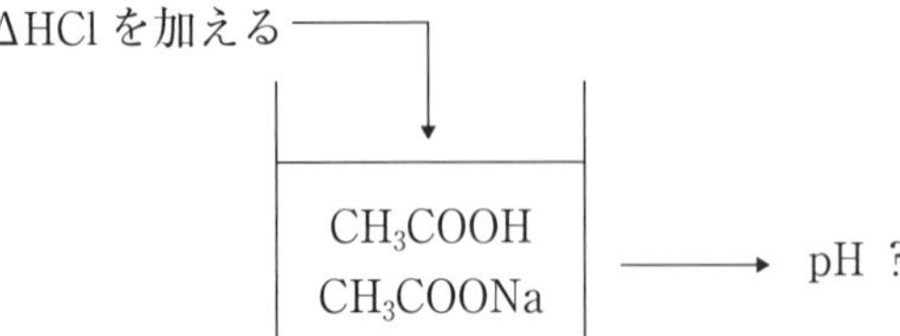

$$CH_3COOH \underset{}{\overset{+\Delta H^+}{\rightleftarrows}} CH_3COO^- + H^+ + \Delta H^+$$

$$CH_3COONa \longrightarrow CH_3COO^- + Na^+$$　この反応は変化しない.

ΔH^+が加わると ΔH^+分だけ CH_3COOH が増える.

CH_3COO^-は ΔH^+分だけ減少する.

$$[H^+] = K_a \times \frac{[CH_3COOH]}{[CH_3COO^-]}$$ ←増加 ←減少

↓ ΔH^+分

$$[H^+] = K_a \times \frac{[CH_3COOH] + \Delta H^+}{[CH_3COO^-] - \Delta H^+}$$

ΔHCl を加えたときの一般式

$$[H^+] = K_a \times \frac{C_a + \Delta H^+}{C_s - \Delta H^+}$$

正確な pH を求めるときは，上記の式を用いる．

このとき，$C_a \gg \Delta H^+$，$C_s \gg \Delta H^+$ なら，

$$[H^+] = K_a \times \frac{C_a}{C_s}$$

少量の酸を加えても pH は変化しないことになる．

例題

緩衝液でない場合と緩衝液の場合を比較してみる．

1）緩衝液でない溶液の場合

■問 1　0.005 mol/L HCl 100 mL に 0.1 mol/L NaOH 4 mL を加えたときの pH を求めなさい．

① NaOH を加えていないときの pH

0.005 mol/L の HCl ⟶ 5×10^{-3} mol/L の$[H^+]$

$$pH = -\log 5 \times 10^{-3} = 2.3$$

② NaOH を 4 mL 加えると pH はどうなるか．

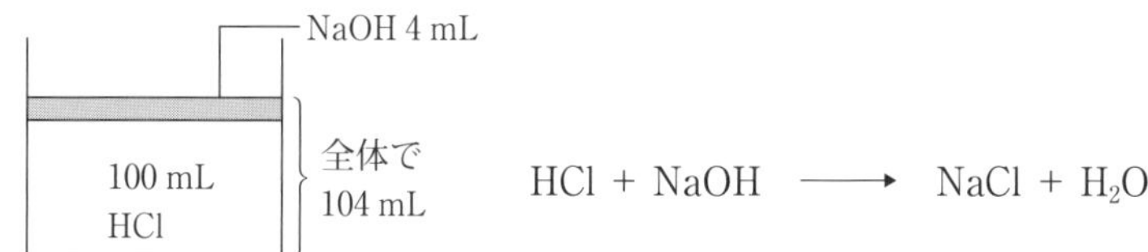

$$HCl + NaOH \longrightarrow NaCl + H_2O$$

［100 mL あたりの HCl のモル数－ NaOH 4 mL あたりのモル数］，つまり中和により残った HCl のモル数を計算し，最後に mol/L にする．

$$\underbrace{\left(5 \times 10^{-3} \times \frac{100\ \text{mL}}{1000\ \text{mL}} - 0.1 \times \frac{4\ \text{mL}}{1000\ \text{mL}}\right)}_{\text{モル計算}} \times \frac{1000\ \text{mL}}{104\ \text{mL}}$$

（$\frac{4\ \text{mL}}{1000\ \text{mL}}$ と $\frac{1000\ \text{mL}}{104\ \text{mL}}$：mol/L に）

$= 9.6 \times 10^{-4}$ mol/L

$\fallingdotseq 10^{-3}$ mol/L

$\therefore$ pH = 3

pH = 2.3 → 3 に変化する．

2）緩衝液の場合

■問 2　0.1 mol/L CH_3COOH と 0.1 mol/L CH_3COONa からなる緩衝液 100 mL に 0.1 mol/L の NaOH 4 mL を加えると pH はどうなるか？

（ただし，酢酸 $K_a = 1.8 \times 10^{-5}$ とする）

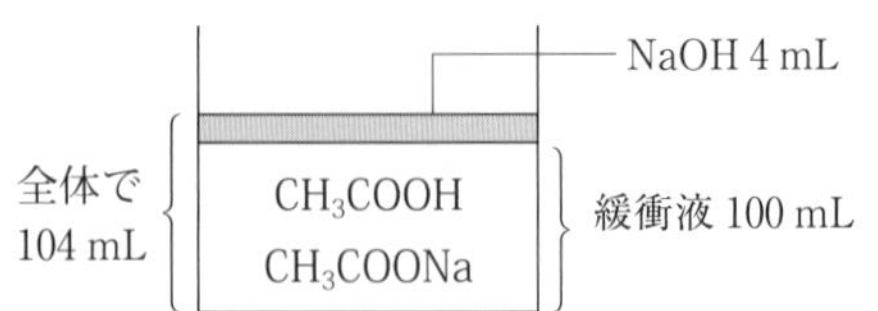

① NaOH を加えていないときの pH，緩衝液の pH は？

$$[H^+] = K_a \times \frac{C_a}{C_s} \quad \begin{matrix} \leftarrow 0.1\ \text{mol/L} \\ \leftarrow 0.1\ \text{mol/L} \end{matrix}$$

$$= K_a \times \frac{\cancel{0.1}}{\cancel{0.1}} \qquad K_a = 1.8 \times 10^{-5}$$

$$[H^+] = K_a = 1.8 \times 10^{-5}$$

$$\text{pH} = -\log 1.8 + 5 = \underline{4.75}$$

② この緩衝液に NaOH を 4 mL を加えたときの pH は？

$$CH_3COOH \rightleftarrows CH_3COO^- + H^+ + OH^-$$

$$CH_3COONa \xrightarrow[100\%]{} CH_3COO^- + Na^+$$

（$H^+ + OH^-$ → H_2O ができる）

NaOH を加えた → OH^- が加わる

→ OH^- を加えた分だけ H_2O が生じるため H^+ が減る

→ CH_3COOH の解離が増加する．

つまり，NaOH を加えると，$[CH_3COOH]$ は ΔOH^- の分だけ減る．

$[CH_3COO^-]$ は ΔOH^- の分だけ増える．

これを式で表すと，

$$[H^+] = K_a \times \frac{C_a}{C_s} \quad \text{(NaOH 添加前)}$$

↓ ΔOH^-

$$[H^+] = K_a \times \frac{C_a - \Delta OH^-}{C_s + \Delta OH^-} \quad \text{(NaOH 添加後)}$$

分子，分母を計算する．

$$C_a - \Delta OH^- = \left(0.1 \times \frac{100}{1000} - 0.1 \times \frac{4}{1000}\right) \times \frac{1000\ \text{mL}}{104\ \text{mL}}$$

$$= 0.092\ \text{mol/L}$$

↑ 酢酸のモル数（100 mL 中の CH_3COOH − 4 mL 中の OH^-）に相当

$$C_s + \Delta OH^- = \left(0.1 \times \frac{100}{1000} + 0.1 \times \frac{4}{1000}\right) \times \frac{1000\ \text{mL}}{104\ \text{mL}}$$

$$= 0.1\ \text{mol/L}$$

↑ 酢酸イオンのモル数（100 mL 中の CH_3COO^-（CH_3COONa）＋ 4 mL 中の OH^-）に相当

$$[H^+] = K_a \times \frac{0.092}{0.1}$$
$$= 1.8 \times 10^{-5} \times \frac{0.092}{0.1}$$
$$= 1.66 \times 10^{-5} \qquad pH = 4.79$$

NaOH を添加すると，pH は 0.04 増加する．

pH = 4.75 ⟶ 4.79

その差 0.04 である． → pH の変化が小さい

■問 3　0.2 mol/L 酢酸水溶液と 0.2 mol/L 酢酸ナトリウム水溶液を等容量ずつ混合した水溶液 100 mL に，1.0 mol/L 塩酸水溶液 5 mL を加えたときの pH として最も近い値は次のどれか．ただし，酢酸の酸解離定数 K_a は 1.0×10^{-5}，また log 2 = 0.30，log 3 = 0.48 とする．

1　3.1　　**2**　3.6　　**3**　4.1　　**4**　4.5　　**5**　5.1

■正解　4

▶解説

酢酸と酢酸ナトリウムを混合した水溶液は 100 mL の等容量混合物なので，酢酸と酢酸ナトリウムがそれぞれ 50 mL ずつ混合している．酢酸と酢酸ナトリウム濃度は，それぞれ 0.20×(50/1000)×(1000/100) = 0.1 mol/L である．また，酢酸（CH_3COOH）と酢酸ナトリウム（CH_3COONa）は次の①，②のような解離反応が起こっている．

① $CH_3COOH \rightleftharpoons CH_3COO^- + H^+$

② $CH_3COONa \rightleftharpoons CH_3COO^- + Na^+$

ここで，HCl を 1.0×(5/1000) mol 添加すると，緩衝液中の CH_3COO^- と反応する．$CH_3COO^- + H^+ \longrightarrow CH_3COOH$

これにより，イオン形の CH_3COO^- が減少し，分子形の CH_3COOH が増大する．

したがって，ヘンダーソン-ハッセルバルヒ式より，

$$pH = pK_a + \log\frac{[CH_3COO^-]}{[CH_3COOH]}$$
$$= -\log 1.0 \times 10^{-5} + \log\frac{\left(0.1 \times \frac{100}{1000} - 1 \times \frac{5}{1000}\right) \times \frac{1000}{105}}{\left(0.1 \times \frac{100}{1000} + 1 \times \frac{5}{1000}\right) \times \frac{1000}{105}}$$
$$= 5 - \log 3 = 4.52$$

となる．

■問 4　次の滴定（**a** ～ **d**）と予測される滴定曲線（ア～エ）の正しい組合せはどれか.

a　0.10 mol/L 塩酸水溶液 10.0 mL を 0.10 mol/L 水酸化ナトリウム水溶液で滴定する.

b　0.010 mol/L 塩酸水溶液 10.0 mL を 0.010 mol/L 水酸化ナトリウム水溶液で滴定する.

c　0.10 mol/L 酢酸（$K_a = 1.8 \times 10^{-5}$）水溶液 10.0 mL を 0.10 mol/L 水酸化ナトリウム水溶液で滴定する.

d　0.10 mol/L フタル酸（$K_{a_1} = 1.3 \times 10^{-3}$, $K_{a_2} = 3.9 \times 10^{-6}$）水溶液 10.0 mL を 0.10 mol/L 水酸化ナトリウム水溶液で滴定する.

	a	b	c	d
1	ア	イ	ウ	エ
2	ア	イ	エ	ウ
3	イ	ア	ウ	エ
4	イ	ア	エ	ウ
5	ウ	エ	ア	イ

ア

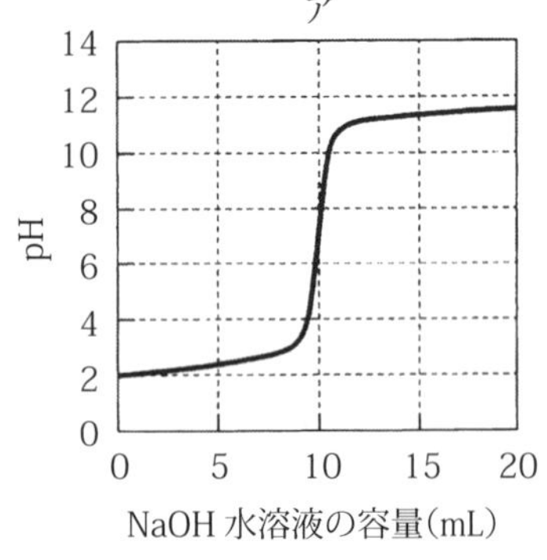

イ

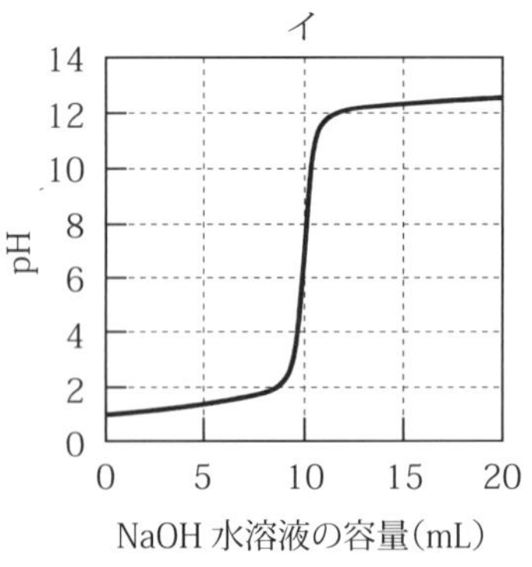

ウ

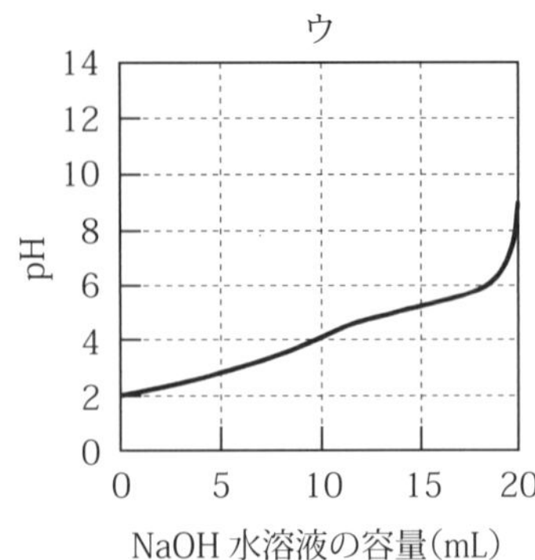

エ

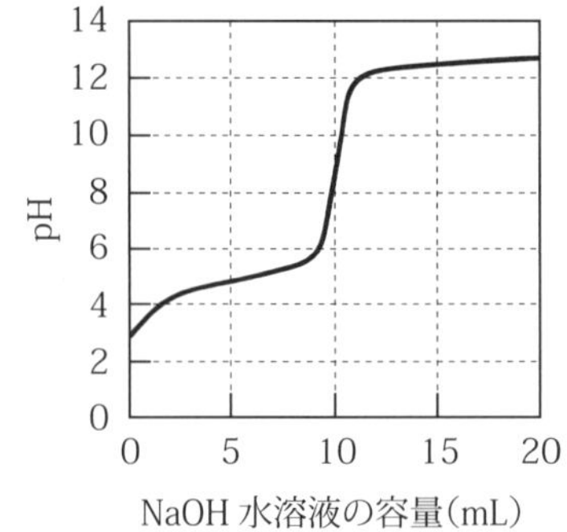

■正解　**4**（出典 国試第 91 回）

▶**解説**

a　イ　滴定前 = pH 1

b　ア　滴定前 = pH 2

c　エ

滴定前　$[H^+] = \sqrt{K_a C}$ = 約 pH 3

当量点前　酢酸と酢酸ナトリウムが混在する**緩衝液**．pH 変化が少ない．

当量点　中和点は酢酸ナトリウムが生成する．弱塩基性

当量点後　塩基性の pH になる．

d　ウ

二塩基性の弱酸の滴定

滴定前　$[H^+] = \sqrt{K_{a_1} C}$ = 約 pH 2

当量点前　緩衝液．pH 変化が少ない．

当量点　20 mL 添加時．中和点は弱塩基性

$K_{a_1}/K_{a_2} < 10^4$ の場合，pH ジャンプ（pH の急な上昇）は第 2 当量点で起きる．

■**問 5**　0.3 mol/L 酢酸水溶液 400 mL と 0.6 mol/L 酢酸ナトリウム水溶液 200 mL を混合した水溶液について以下の問いに答えなさい．ただし，酢酸の $K_a = 1 \times 10^{-5}$ とする．

1　化学平衡式（解離式）

2　電荷均衡式

3　質量均衡式

4　この溶液の pH を求めなさい．ただし，酢酸の $K_a = 1 \times 10^{-5}$ とする．

5　上記の混合溶液 600 mL に 0.2 mol/L HCl 100 mL 加えたときの pH を計算しなさい．ただし，log 1.4 = 0.146 とする．

▶**解説**

1　化学平衡式（解離式）

$$CH_3COOH \rightleftharpoons CH_3COO^- + H^+$$

$$CH_3COONa \longrightarrow CH_3COO^- + Na^+$$

$$H_2O \rightleftharpoons H^+ + OH^-$$

2　電荷均衡式　$[H^+] + [Na^+] = [CH_3COO^-] + [OH^-]$

3　質量均衡式　$0.4 = [CH_3COO^-] + [CH_3COOH]$，$0.2 = [Na^+]$

4　異なった濃度の酢酸と酢酸ナトリウムを混合したときのそれぞれの濃度を算出する．

酢酸濃度 C_a：$\left(\frac{0.3 \times 400}{1000}\right) \times \left(\frac{1000}{600}\right) = 0.2\ \mathrm{mol/L}$

酢酸ナトリウム濃度 C_s：$\left(\frac{0.6 \times 200}{1000}\right) \times \left(\frac{1000}{600}\right) = 0.2\ \mathrm{mol/L}$

$$[\mathrm{H^+}] = K_a \times \frac{[C_a]}{[C_s]} = 1 \times 10^{-5}$$

$$\mathrm{pH} = 5$$

5

$$[\mathrm{H^+}] = K_a \times \frac{\left\{\left(\frac{0.2 \times 600}{1000}\right) + \left(\frac{0.2 \times 100}{1000}\right)\right\} \times \frac{1000}{700}}{\left\{\left(\frac{0.2 \times 600}{1000}\right) - \left(\frac{0.2 \times 100}{1000}\right)\right\} \times \frac{1000}{700}}$$

$$[\mathrm{H^+}] = 1.4 \times 10^{-5}$$

$$\mathrm{pH} = 4.854$$

1-14-3 その他の緩衝液

1. アンモニア-塩化アンモニウム緩衝液

C_b mol/L NH_3 と C_s mol/L NH_4Cl を含む塩基性の緩衝液

$$NH_3 + H_2O \rightleftharpoons NH_4^+ + OH^-$$

$$NH_4Cl \longrightarrow NH_4^+ + Cl^-$$

$$H_2O \rightleftharpoons H^+ + OH^-$$

$$K_b = \frac{[NH_4^+][OH^-]}{[NH_3]} \longrightarrow [OH^-] = K_b \times \frac{[NH_3]}{[NH_4^+]} \quad \cdots ①$$

質量均衡式　$C_b + C_s = [NH_3] + [NH_4^+]$ …②

$C_s = [Cl^-]$

電荷均衡式　$[NH_4^+] + [H^+] = [OH^-] + [Cl^-]$ …③

電荷均衡式から　$[NH_4^+] = [OH^-] - [H^+] + [Cl^-]$

$= [OH^-] - [H^+] + C_s$

$= C_s + ([OH^-] - [H^+])$ …④

質量均衡式から　$[NH_3] = C_b + C_s - [NH_4^+]$

④を代入　$[NH_3] = C_b + C_s - \{C_s + ([OH^-] - [H^+])\}$

$[NH_3] = C_b - ([OH^-] - [H^+])$ …⑤

④と⑤を①に代入

$$[OH^-] = K_b \times \frac{C_b - ([OH^-] - [H^+])}{C_s + ([OH^-] - [H^+])}$$

C_b，$C_s \gg ([OH^-] - [H^+])$ と近似すると，

$$[OH^-] = K_b \times \frac{C_b}{C_s}$$ となる．

pOH にすると，

$$pOH = pK_b + \log \frac{C_s}{C_b}$$

pH にすると，

$$pK_w - pH = pK_b + \log \frac{C_s}{C_b}$$

$$\mathbf{pH = pK_w - pK_b + \log \frac{C_b}{C_s}}$$

が得られる．

演習問題

問題 1　アンモニア（C_b mol/L）と塩化アンモニウム（C_s mol/L）からなる緩衝液での pH を求める式を質量均衡式，電荷均衡式，質量作用則の式から誘導しなさい．

2. リン酸緩衝液，グリシン緩衝液，炭酸-炭酸水素ナトリウム緩衝液

1）リン酸緩衝液

C_1 mol/L NaH_2PO_4 と C_2 mol/L Na_2HPO_4 からなる．

$NaH_2PO_4 \longrightarrow Na^+ + H_2PO_4^-$ → C_1 mol/L 相当になる．

$Na_2HPO_4 \longrightarrow 2\,Na^+ + HPO_4^{2-}$ → C_2 mol/L 相当になる．

$H_2PO_4^-$ と HPO_4^{2-} 間で平衡が成立

$$H_2PO_4^- \rightleftharpoons H^+ + HPO_4^{2-}$$

この間の平衡定数はリン酸の K_{a_2} に相当する．

$$K_{a_2} = \frac{[HPO_4^{2-}][H^+]}{[H_2PO_4^-]} \rightarrow [H^+] = K_{a_2} \times \frac{[H_2PO_4^-]}{[HPO_4^{2-}]}$$

$$pH = pK_{a_2} + \log \frac{[HPO_4^{2-}]}{[H_2PO_4^-]}$$

もし，$C_1 = C_2$ なら，pH = pK_{a_2} となる．リン酸の pK_{a_2} = 7.2 であるから中性の緩衝液として使用される．

2）グリシン-HCl 緩衝液，グリシン-NaOH 緩衝液

グリシンは塩酸と水酸化ナトリウムを添加すると以下のような解離が生じる．

$$\underset{\oplus形}{\begin{array}{l}CH_2COOH\\ |\\ NH_3^+\end{array}} \underset{}{\overset{K_{a_1}}{\rightleftharpoons}} \underset{pI形}{\begin{array}{l}CH_2COO^-\\ |\\ NH_3^+\end{array}} \overset{K_{a_2}}{\rightleftharpoons} \underset{\ominus形}{\begin{array}{l}CH_2COO^-\\ |\\ NH_2\end{array}}$$

HCl 添加　　　　　　　　　　NaOH 添加

・グリシンのある濃度にその半分の濃度の塩酸を加えると pH = pK_{a_1} (2.35) となり酸性の緩衝液として利用できる．

$$K_{a_1} = \frac{[pI形][H^+]}{[\oplus形]}$$

$$[H^+] = K_{a_1} \times \frac{[\oplus形]}{[pI形]}$$

$$pH = pK_{a_1} + \log\frac{[pI形]}{[\oplus形]}$$

[pI 形] = [⊕形] のとき，pH = pK_{a_1} になる

・グリシンのある濃度にその半分の濃度の NaOH を加えると pH = pK_{a_2} (9.8) となり塩基性の緩衝液として利用できる．

$$K_{a_2} = \frac{[\ominus形][H^+]}{[pI形]} \rightarrow pH = pK_{a_2} + \log\frac{[\ominus形]}{[pI形]} から,$$

[⊖形] = [pI 形] のとき pH = pK_{a_2} になる

3) 炭酸-炭酸水素ナトリウム緩衝液（体液中の緩衝液）

$$H_2CO_3 \rightleftharpoons H^+ + HCO_3^-$$

$$NaHCO_3 \longrightarrow Na^+ + HCO_3^-$$

平衡は H_2CO_3 の解離とみなす．

$$K_{a_1} = \frac{[HCO_3^-][H^+]}{[H_2CO_3]}$$

$$pH = pK_{a_1} + \log\frac{[HCO_3^-]}{[H_2CO_3]}$$

$[H_2CO_3]$ は生体中の CO_2 から生じるもので，通常 1.2 mmol/L，$[HCO_3^-]$ は腎臓で $[Na^+]$ とともに再吸収され，通常 24 mmol/L になっている．炭酸の pK_{a_1} = 6.1 であるから，pH = 6.1 + log 24/1.2 となり，log 20 は 1.3 であるから，**pH = 7.4** となる．

人の体は pH 7.4 になるように維持されている．たとえば，腎の機能が低下すると $[HCO_3^-]$ は減少するので，$[H_2CO_3]$ も減少するよう呼吸が高まる．式中の対数の比が常に 20 になるように体は調節されている．

まとめ　緩衝液

溶液に少量の酸や塩基を加えても，あるいは溶液を水で希釈（10倍まで）しても pH の変化が少ない溶液.

1. 弱酸（C mol/L）とその塩（C_s mol/L）からなる溶液

$$pH = pK_a + \log\frac{C_s}{C_a}$$

少量の酸を加えたときの pH

$$pH = pK_a + \log\frac{[C_s - \Delta H^+]}{[C_a + \Delta H^+]}$$ で求める.

2. 弱塩基（C_b mol/L）とその塩（C_s mol/L）からなる溶液

$$pH = pK_w - pK_b + \log\frac{[C_b]}{[C_s]}$$ で求める.

演習問題

以下の問いに答えよ．ただし，$\log 2 = 0.3$，$\log 3 = 0.48$，$\log 5 = 0.7$，$\log 9.2 = 0.96$ とする.

問題 1　アラニンの解離平衡は次のように行われる．以下の問に答えなさい.

$$H_3C{-}CH(NH_3^+){-}COOH \underset{}{\overset{pK_a=2.7}{\rightleftharpoons}} H_3C{-}CH(NH_3^+){-}COO^- \overset{pK_a=9.1}{\rightleftharpoons} H_3C{-}CH(NH_2){-}COO^-$$

カチオン形　　両性イオン形（pI）　　アニオン形

(1) アラニンを水に溶かすと水中ではどのような形で存在するか.

カチオン形　　両性イオン形　　アニオン形

(2) 0.1 mol/L アラニン水溶液の pH を求めなさい.

（正解：両性，5.9）

問題 2　弱酸性医薬品（HA）では，HA を分子形，A^-をイオン形とするときヘンダーソン–ハッセルバルヒの式は以下のように表される.

$pH = pK_a +$〔　　　〕

1　$\ln[A^-]/[HA]$　　**2**　$[HA]/[A^-]$　　**3**　$\log[HA]/[A^-]$

4　$[A^-]/[HA]$　　**5**　$\ln[HA]/[A^-]$　　**6**　$\log[A^-]/[HA]$

（正解：**6**）

問題 3　0.2 mol/L 酢酸 100 mL と 0.2 mol/L 酢酸ナトリウム 20 mL の混液の pH に最も近い数値は次のうちどれか．ただし酢酸の $\mathrm{p}K_\mathrm{a} = 4.7$ とする．

1　3.7　　**2**　4.0　　**3**　4.3　　**4**　4.6　　**5**　4.9

（正解：**2**）

問題 4　0.1 mol/L 酢酸水溶液と 0.1 mol/L 酢酸ナトリウム水溶液を 1：3 の割合で混合したときの水溶液の pH に最も近い数値は次のうちどれか．ただし酢酸の $\mathrm{p}K_\mathrm{a} = 4.7$ とする．

1　4.8　　**2**　5.0　　**3**　5.2　　**4**　5.5　　**5**　5.8

（正解：**3**）

問題 5　2.0×10^{-2} mol/L 酢酸水溶液と，3.6×10^{-2} mol/L 酢酸ナトリウム水溶液からなる緩衝液の pH に最も近い数値はどれか．ただし，酢酸の $K_\mathrm{a} = 1.8 \times 10^{-5}$ とする．

1　4　　**2**　5　　**3**　6　　**4**　7　　**5**　8

（正解：**2**）

問題 6　pH 10 の炭酸-炭酸水素ナトリウム緩衝液を調製するために，0.1 mol/L 炭酸水素ナトリウム水溶液 100 mL を用意した．この溶液に炭酸ナトリウムを何 g 溶かせばよいか，最も近い数値はどれか．ただし，炭酸の $K_{\mathrm{a}_1} = 4.5 \times 10^{-7}$, $\mathrm{p}K_{\mathrm{a}_1} = 6.4$, $K_{\mathrm{a}_2} = 4.7 \times 10^{-11}$, $\mathrm{p}K_{\mathrm{a}_2} = 10.3$ とし，分子量は C：12，H：1，O：16，Na：23 とする．

1　0.053　　**2**　0.53　　**3**　5.3　　**4**　10.6　　**5**　53.0

（正解：**2**）

▶解説

問題 1

（1）水に溶かすと等電点（電荷が合計 0 となった状態，pI）の形で存在する．

（2）等電点の両側の $\mathrm{p}K_\mathrm{a}$ の中点になる．$\dfrac{(\mathrm{p}K_{\mathrm{a}_1} + \mathrm{p}K_{\mathrm{a}_2})}{2} = 5.9$

問題 2　質量作用則の式からヘンダーソン-ハッセルバルヒの式を導く．

$$\mathrm{HA} \rightleftharpoons \mathrm{H^+ + A^-}\ \text{（弱酸）} \qquad K_\mathrm{a} = \frac{[\mathrm{H^+}][\mathrm{A^-}]}{[\mathrm{HA}]}$$

$$\log K_a = \log[H^+] + \log\frac{[A^-]}{[HA]}$$

$$pH = pK_a + \log\frac{[A^-]}{[HA]}$$

問題3　ヘンダーソン–ハッセルバルヒの式より，

$$pH = 4.7 + \log\frac{20}{100} = 4.7 - 1 + 0.3 = 4$$

問題4　$pH = pK_a + \log\frac{[A^-]}{[HA]}$より，

$$pH = 4.7 + \log\frac{0.1 \times 3}{0.1 \times 1} = 4.7 + 0.48 = 5.18 \fallingdotseq 5.2$$

問題5　弱酸の解離平衡定数K_aと$[H^+]$の関係式は，$K_a = \frac{[A^-][H^+]}{[HA]}$より，

$$[H^+] = K_a\frac{[HA]}{[A^-]} = 1.8 \times 10^{-5} \times \frac{2 \times 10^{-2}}{3.6 \times 10^{-2}}$$

$$pH = -\log 10^{-5} = 5$$

問題6　$HCO_3^- \xrightleftharpoons{Ka_2} H^+ + CO_3^{2-}$

上記のように，炭酸–炭酸水素ナトリウム緩衝液のpHはK_{a_2}に支配される．

ヘンダーソン–ハッセルバルヒの式より，

$$pH = pK_{a_2} + \log\frac{[CO_3^{2-}]}{[HCO_3^-]}$$

$$10 = 10.3 + \log\frac{[CO_3^{2-}]}{[HCO_3^-]}$$

$$-\log\frac{[CO_3^{2-}]}{[HCO_3^-]} = 0.3$$

$$\frac{[CO_3^{2-}]}{[HCO_3^-]} = 10^{-0.3}$$

$\frac{[CO_3^{2-}]}{[HCO_3^-]} = 0.5$　の条件を満たせばよい．

$NaHCO_3$：$0.1\ mol/L \times \frac{100}{1000}\ mL = 0.01\ mol$

Na_2CO_3：$0.005\ mol \times 106\ g/mol = 0.53\ g$

例題

■問 1

0.10 mol/L リン酸 400 mL と 0.20 mol/L 水酸化ナトリウム 300 mL を混合した水溶液の 25℃における pH に最も近い値はどれか．1 つ選びなさい．ただし，リン酸の $pK_{a_1} = 2.12$，$pK_{a_2} = 7.21$，$pK_{a_3} = 12.32$（各 25℃）とする．また，$\log 2 = 0.30$，$\log 3 = 0.48$ とする．

1 4.7　**2** 6.9　**3** 7.2　**4** 7.7　**5** 9.8

■正解　3（出典 国試第 98 回　問 95）

▶解説

0.1 mol/L H_3PO_4 400 mL に 0.2 mol/L NaOH 300 mL を加えたときの，溶液中の化学種を求める．

$$H_3PO_4 + NaOH \rightarrow NaH_2PO_4 + H_2O$$

反応するリン酸のモル数は $0.1 \times 400/1000 = 0.04$ mol

反応する NaOH のモル数は $0.2 \times 300/1000 = 0.06$ mol

これにより NaH_2PO_4 が 0.04 mol 生じ，NaOH は 0.02 mol 残る．

残った NaOH は NaH_2PO_4 0.04 mol の半量と反応し，Na_2HPO_4 0.02 mol が生じる．

したがって，溶液中の化学種は残った NaH_2PO_4 0.02 mol と Na_2HPO_4 0.02 mol が存在する．

このとき両化学種の濃度は $0.02 \times 1000/700$ mol/L 相当である．

これら化学種は，溶液中以下のように解離する．

$$NaH_2PO_4 \rightarrow Na^+ + H_2PO_4^-$$

$$Na_2HPO_4 \rightarrow 2\,Na^+ + HPO_4^{2-}$$

生じた $H_2PO_4^-$ と HPO_4^{2-} 間の解離を考えると，

$H_2PO_4^- \rightleftharpoons H^+ + HPO_4^{2-}$　の平衡が成立する．

この平衡での質量作用の法則は，

$K_{a_2} = \dfrac{[H^+][HPO_4^{2-}]}{[H_2PO_4^-]}$　となり，ヘンダーソン-ハッセルバルヒの式に導くと，

$$[H^+] = K_{a_2} \times \frac{[H_2PO_4^-]}{[HPO_4^{2-}]}$$

$$pH = pK_{a_2} + \log \frac{[HPO_4^{2-}]}{[H_2PO_4^-]}$$

$[HPO_4^{2-}]$ と $[H_2PO_4^-]$ の濃度は等しいから，

$pH = pK_{a_2}$

$pH = 7.21$

■問 2

アセタゾラミドは，HCO_3^-とH_2CO_3の濃度バランスを変化させることにより，アシドーシスを引き起こすと考えられている．血漿の pH が 7.4 であるとき，血漿中のHCO_3^-の濃度は，H_2CO_3の濃度の何倍か．最も近い値を 1 つ選びなさい．ただし，H_2CO_3は，以下の式に従って解離し，その pK_a は 6.1 とする．また，log 2 = 0.30，log 3 = 0.48 とする．

$$H_2CO_3 \rightleftharpoons H^+ + HCO_3^-$$

1 0.05　**2** 1.3　**3** 10　**4** 13　**5** 20

■正解　5（出典 国試第 97 回　問 201）

▶解説

解離式から質量作用の法則を立て，ヘンダーソン-ハッセルバルヒの式を誘導する．

$$K_{a_1} = \frac{[H^+][HCO_3^-]}{[H_2CO_3]}$$

$$pH = pK_{a_1} + \log\frac{[HCO_3^-]}{[H_2CO_3]}$$

$$7.4 = 6.1 + \log\frac{[HCO_3^-]}{[H_2CO_3]}$$

$$1.3 = \log\frac{[HCO_3^-]}{[H_2CO_3]},\quad \frac{[HCO_3^-]}{[H_2CO_3]} = x$$ とすると，

$$x = 10^{1.3}$$
$$= 10^{0.3} \times 10^1 = 20$$ となる．

COLUMN 1

医師と薬剤師の会話（酸塩基のエピソード）

あなたはどう回答するかを考えてみよう．

炭酸水素ナトリウム（$NaHCO_3$）は胃酸過多症やアシドーシス（体液が酸性に傾く疾患）の医薬品として用いられている．以下は病院内での医師からの薬剤師への質問である．質問を読み，薬剤師として科学的に回答しなさい．ただし，炭酸の解離定数は，$pK_{a_1} = 6.0$，$pK_{a_2} = 11$とする．

医師の質問：いつも気になっていることがあります．炭酸水素ナトリウムの処方は，1～5gのように量をあまり厳密にしなくてよいようですが，量が少なすぎて効果がなかったり，あるいは多すぎて強塩基（pH 9以上）になることはありませんか？

薬剤師の答え：

COLUMN 2

人体のpH（酸塩基平衡）

人の体のpHは7.4に維持されている．一般に生命が維持されるpH範囲は6.8から7.8とされ，それ以下でも，それ以上でも人は生きていくことはできない（**図コラム2-1**）．pHは健康維持に重要な指標であることがわかる．そもそも体内のpHはなぜ変動するのか？という疑問が生じる．生体の単位である細胞が生命活動するには，エネルギーがいる．そのエネルギーはどのようにつくるかといえば，解糖系のサイクルが主に利用される．グルコースの代謝から生じたピルビン酸は，脱CO_2後，アセチルCoAとなり，TCAサイクル（クレブス回路またはクエン酸回路ともいう）に入る．そこでNADHなどをつくるが，副産物として1サイクルごとに2分子のCO_2が発生する．つまり，1モルのグルコースから3モルのCO_2を生じることになる．その量は，人1日あたり，500gのCO_2に相当するという．次に，生じたCO_2は水と反応し，炭酸を生成し，そして**図コラム2-2**にある平衡式から水素イオンを発生させることになる．そのほかに肉などの食物から発生する硫酸やリン酸も加わり，生体はアシドーシス，そして死という運命をたどることになる．

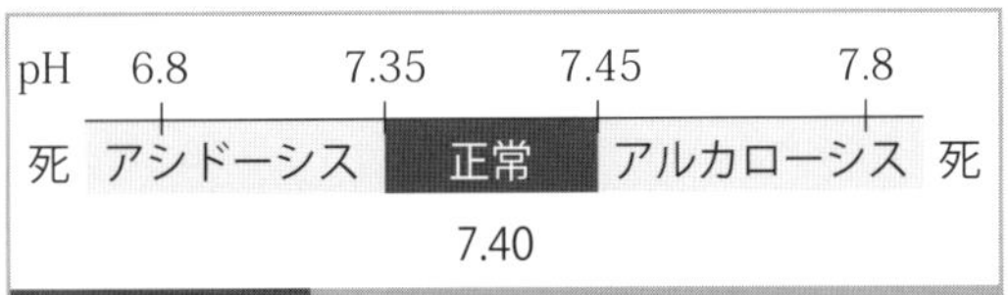

pH	6.8	7.35	7.45	7.8	
死	アシドーシス	正常	アルカローシス		死
		7.40			

図コラム2-1 人体のpH

それでは，どのようにして，生体は自らの酸性化を防ぐのであろうか．その方法として，主に緩衝液と呼吸がある．細胞の酸性化は，最初に体液の緩衝作用により中和され，次に，呼吸による排出が行われる．これにより，酸性度が高いときは，呼吸が多くなり積極的な排泄が行われる．さらに過呼吸になると，体はアルカローシスに傾くことになる．呼吸は，酸素を取り込む作業のために行われると思われがちだが，もうひとつ，体のpHを守るという重要な役目があることに驚かされるであろう（**図コラム2-3**）．

① CO_2として500 g/day（13～20 mol）
⇨ 揮発酸という

② 硫酸，リン酸など（40 ～ 80 mmol）
⇨ 固定酸という

細胞
↓
CO_2 ↑
↓
$H_2O + CO_2 \rightleftharpoons H_2CO_3 \rightleftharpoons H^+ + HCO_3^-$
酸性を呈する

図コラム 2-2 人の体は常に酸を生成している

① 緩衝作用 ⟶ $pH = pK_{a_1} + \log\frac{[HCO_3^-]}{[H_2CO_3]}$
② 呼吸 ⟶ 肺からCO_2の排出（揮発酸）
③ 腎臓 ⟶ H^+として尿中に排出（固定酸）

体は化学平衡で維持されている
↓
各組織の細胞が代謝すると，体は酸性に傾く？
↓
体のpHを7.4に維持するために，
体液は緩衝液になっている
↓
緩衝作用だけでは間に合わないときは，どうする？
↓
呼吸により二酸化炭素を排出し，pHを上昇させる
↓
過呼吸になったら人はどうなる？

図コラム 2-3 人の体のpHは3つの方法により一定に保たれる

COLUMN 3

細胞培養でのCO_2ガスの利用

がん細胞に対する薬効の強さや細胞内の分子メカニズムを調べるために，一般に細胞培養の実験を行う．シャーレやフラスコに少量の細胞を培養液とともに撒き，これに薬剤を加え，細胞の増殖や形態を観察する．

このとき，多くの細胞培養は室内をCO_2 5%になるような培養器の中で行う（**図**）．

その理由はなぜかを考えよう．

細胞を培養すると細胞の代謝により乳酸が生じ，培養液は酸性に傾き，そのまま放置すると酸度のために細胞は死んでしまう．それを防ぐために，培養液には緩衝作用を示す$NaHCO_3$が加えてある．$NaHCO_3$は，$NaHCO_3 \rightleftharpoons Na^+ + HCO_3^-$と解離する．$HCO_3^-$は$H^+$と反応し$H_2CO_3$を生成する．さらにこのものは解離し$H_2O$と$CO_2$になる．ここで生じた$CO_2$は徐々に蒸発するため，$NaHCO_3$は時間とともに減少してしまう．そこで，希散する$CO_2$を補うために$CO_2$ガスで室内を5%に満たすことになる．

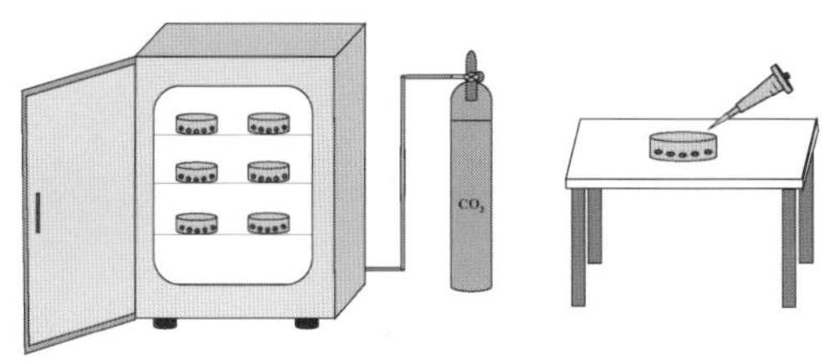

CO_2 5%は約38 mmHgであるから，その培養液への溶解度0.03を係数として用いると1.14 mmol/LのH_2CO_3が生じる．その反応は$CO_2 + H_2O \rightleftharpoons H_2CO_3$による．

一方，$NaHCO_3$が24 mmol/L含まれるとすると$NaHCO_3/H_2CO_3$系の緩衝液のpHは以下の式により求めることができる．

$$pH = pK_{a_1} + \log\frac{[HCO_3^-]}{[H_2CO_3]}$$

この式に$pK_{a_1} = 6.34$，$[H_2CO_3] = 1.14$ mmol/L，$[HCO_3^-] = 24$ mmol/Lを代入するとpH = 7.64になる．

なお，炭酸系でない緩衝液を用いるときは，原理的にCO_2ガスは必要でないことになる．

1-15 弱電解質の溶解度

弱電解質の溶解は，最初に固体から分子形として溶解し，次に分子形の一部が解離し，イオン形が生じる．

例えば，**弱酸性医薬品 HA** は，溶液の pH を塩基性にすると，全体の溶解度は大きくなる．

$$\mathrm{HA}_{(固体)} \rightleftharpoons \underbrace{\mathrm{HA}_{(分子形)} \rightleftharpoons \mathrm{H}^{+} + \mathrm{A}^{-}_{(イオン形)}}_{溶解}$$

塩基を加えると H^+ が消費され平衡は右に傾く．これにより分子形は一時的に減少するが，その分，固体が溶解し，HA が補給され，一定の溶解度になる．つまり，塩基性にすると，固体の溶解が進み，イオン形を含めた**みかけの溶解度**は大きくなる．

> 溶解度（solubility）とは，飽和された溶質の濃度（mol/L，g/100 mL）と定義され，分子形の濃度 S_o に相当する．

みかけの溶解度 S は，分子形とイオン形の合計，つまり $S = [\mathrm{HA}] + [\mathrm{A}^-]$ で表される．

① 酸性 $\mathrm{p}K_a > \mathrm{pH}$（溶解度は分子形の濃度に近づく）

② $\mathrm{pH} = \mathrm{p}K_a$（溶解度は分子形の濃度の 2 倍）

③ 塩基性 $\mathrm{p}K_a < \mathrm{pH}$（イオン形が増えるため溶解度は高まる）

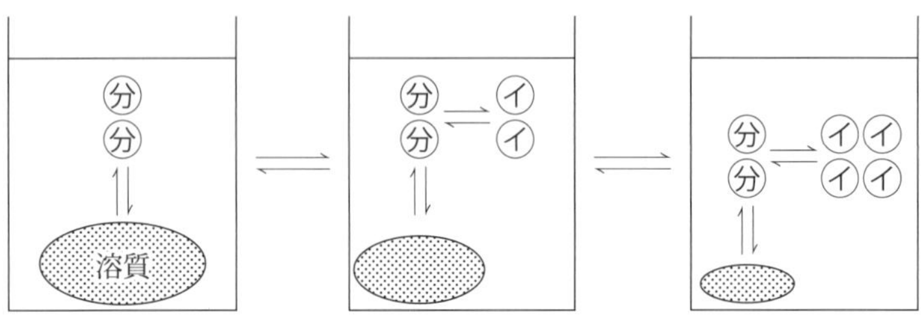

分：分子形，イ：イオン形

$S = [\mathrm{HA}] + [\mathrm{A}^-]$ に質量作用の法則を代入すると，

$$S = [\mathrm{HA}] + \frac{K_a[\mathrm{HA}]}{[\mathrm{H}^+]}$$

$$S = S_o + \frac{K_a S_o}{[\mathrm{H}^+]}$$

$$= S_o\left(1 + \frac{K_a}{[\mathrm{H}^+]}\right)$$

［HA］：分子形の溶解度で，この値は pH に影響されない．常に一定な値，S_o で表す．

pH と $\mathrm{p}K_a$ で表すと，

$$S = S_o(1 + 10^{pH - pK_a})$$

この式から，弱酸性医薬品の溶解度は，

① $pK_a > pH$ のとき，溶解度（S：みかけの溶解度）はほぼ分子形の溶解度に近づくことになる．

ex）医薬品の pK_a 5，溶液の pH 2 のとき，ほぼ $S = S_o$ になる．このことは，分子形の溶解度は，溶液の pH を $pK_a - 3$ ぐらいに設定し，濃度（吸光度など）を測定すると，求められることを意味している．

② $pK_a = pH$ のとき，溶解度（S：みかけの溶解度）は分子形の溶解度の 2 倍に相当する．

ex）医薬品の pK_a 5，溶液の pH が 5 のとき，$S = 2 \times S_o$ になる．

③ $pK_a < pH$ のとき，溶解度（S：みかけの溶解度）は大きくなる．

ex）医薬品の pK_a 5，溶液の pH が 6 のとき，$S = 11 \times S_o$，溶解度は分子形の 11 倍と大きくなる．

弱塩基性医薬品（B）は，溶液の pH を酸性にすると，全体の溶解度は大きくなる．

$$B_{(固体)} \rightleftharpoons \underbrace{B_{(分子形)} \rightleftharpoons BH^+_{(イオン形)} + OH^-}_{溶解}$$

みかけの溶解度 S は分子形とイオン形の合計であるから，

$$S = [B] + [BH^+]$$

$$= [B]\left(1 + \frac{[BH^+]}{[B]}\right)$$

分子形の溶解度 $[B] = S_o$，質量作用の法則*を代入すると，

$$S = S_o\left(1 + \frac{[H^+]}{K_a}\right)$$

$$= S_o(1 + 10^{pK_a - pH})$$

この式は弱塩基性医薬品の溶解度を表す．

＊ 塩基性医薬品の質量作用の法則を，K_a と $[H^+]$ を用いて立てる．

$$K_b = \frac{[BH^+][OH^-]}{[B]}$$

→ K_a と $[H^+]$ を導入するため右辺の分母と分子に $[H^+]$ をかける

$$\rightarrow K_b = \frac{[BH^+][OH^-][H^+]}{[B][H^+]} \rightarrow \frac{K_b}{K_w} = \frac{[BH^+]}{[B][H^+]} \rightarrow K_a = \frac{[B][H^+]}{[BH^+]}$$

pH を変化させたときの分子形のモル分率とみかけの溶解度との関係を図 1-8 に示す.

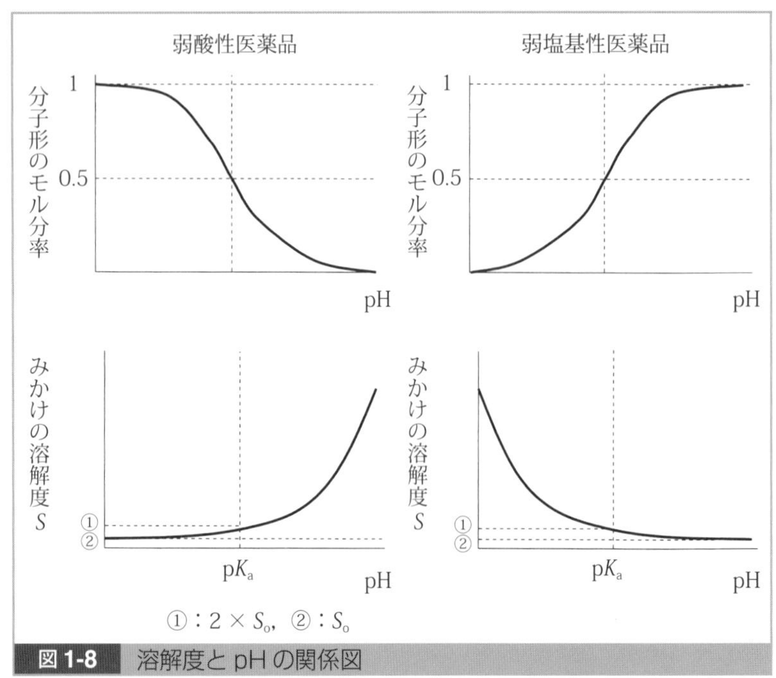

図 1-8 溶解度と pH の関係図

例 題

■問 1 ある弱電解質の水に対する溶解度は pH 2 以下では 1 w/v%であった. pH 6 に変化させたときの医薬品の溶解度は 2 w/v%であった. この医薬品に関する記述の正誤について，正しい組合せはどれか.

a この医薬品は，pK_a が 6 の酸である.

b この医薬品は，共役酸の pK_a が 6 の塩基である.

c この医薬品の分子形の水に対する溶解度は 1 w/v%である.

d pH 7 のとき，この医薬品の水に対する溶解度は約 11 w/v%である.

	a	b	c	d
1	正	正	正	正
2	誤	正	正	正
3	正	誤	正	正
4	誤	正	誤	誤
5	正	誤	誤	正
6	正	誤	正	誤

■正解 3

▶**解説**

a　溶解度が pH の減少とともに低下するのは，弱酸性医薬品の特徴である．溶解度は pH 2 以下では 1 w/v%で変化しないことから，この医薬品の分子形の溶解度は 1 w/v%と判断できる．また，溶解度が 2 倍（2 w/v%）になったときの pH から pK_a が読み取れるので，pK_a は 6 である．

d　弱酸性医薬品の溶解度は次式で表される．

$$S = [分子形] \times (1 + 10^{pH - pK_a})$$

$pK_a = 6$，$pH = 7$，$[分子形] = 1$ w/v%より，

$$S = [1\ w/v\%] \times (1 + 10^{7-6}) = 11\ w/v\%$$

■**問 2**　pK_a が 5 の弱酸性医薬品を水に溶かし pH 3 に調製したとき，溶解度は 0.2 mg/mL であった．この医薬品の 200 mg/mL の水溶液を調製するには，pH をどれほどにすればよいか，最も近い値を選びなさい．

1　pH 6.0　　**2**　pH 7.0　　**3**　pH 8.0

4　pH 9.0　　**5**　pH 10　　**6**　pH 11

■**正解　3**

▶**解説**

弱酸性医薬品の分子形の溶解度は，pK_a 値より −2 から −3 の酸性側 pH での溶解度と考える．

よってこの場合，分子形の溶解度（S_o）は 0.2 mg/mL である．

$$S = S_o(1 + 10^{pH - pK_a})$$

$$200 = 0.2(1 + 10^{pH-5})$$

$$999 = 10^{pH-5}$$

999 は 1000 とみなし，

$$1000 = 10^{pH-5}$$

$$pH = 8$$

■**問 3**　弱酸性薬物は水溶液中で $HA \rightleftharpoons H^+ + A^-$ のように解離する．pK_a 値が 5.0，非解離形薬物 HA の溶解度が 0.1 mol/L である弱酸性薬物の結晶 0.11 mol を 0.01 mol/L の塩酸 0.1 L に懸濁し，塩基 B を少量ずつ添加していくとき，pH 5 から pH 8 における溶解した非解離形薬物濃度［HA］を示すグラフは次のどれか．1 つ選びなさい．ただし，HA および A^- は塩酸および塩基 B と反応せず，結晶の溶解および塩基 B の添加による体積変化は無視できるものとする．

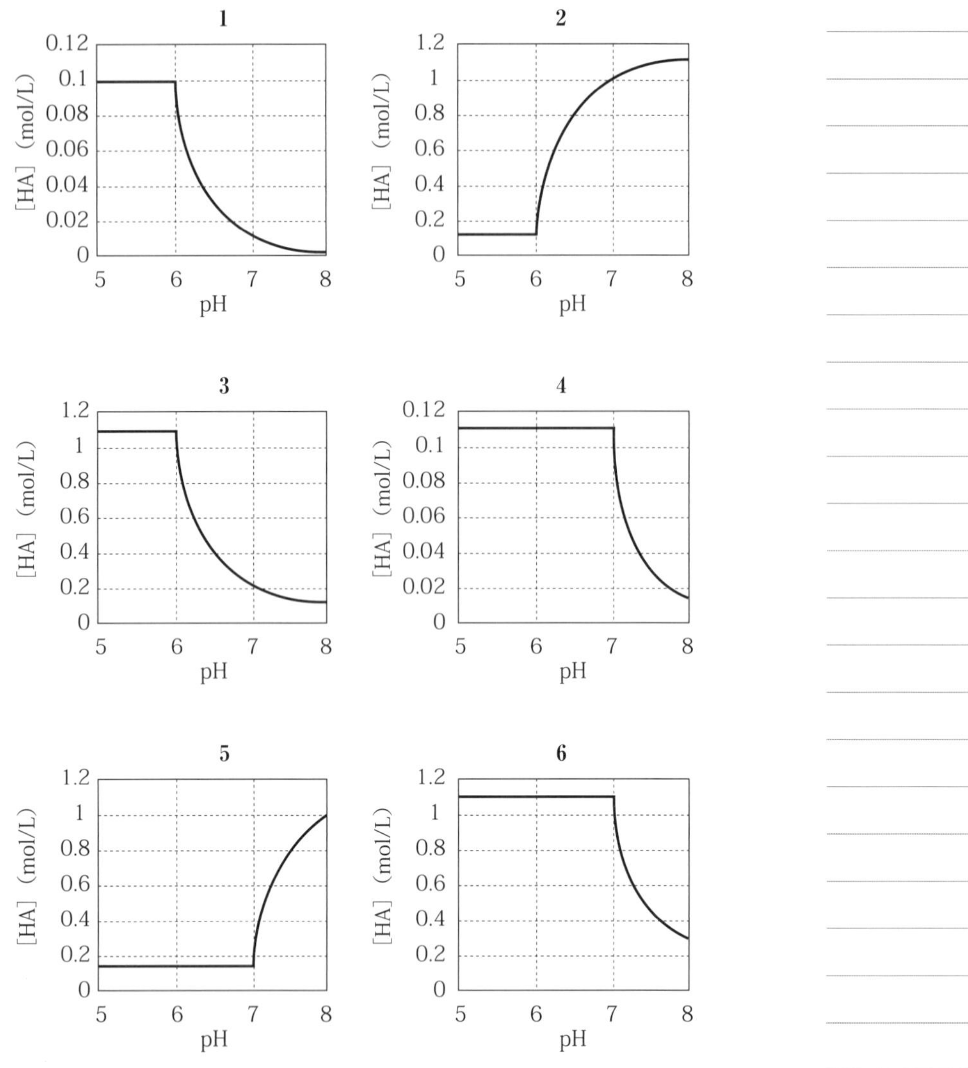

■正解　1（出典 国試第 94 回　問 169　一部改変）

▶解説

弱酸の解離式から $K_a = \dfrac{[H^+][A^-]}{[HA]}$

$$\frac{[HA]}{[A^-]} = \frac{[H^+]}{K_a}$$

$$\frac{[\text{分子形}]}{[\text{イオン形}]} = \frac{[H^+]}{K_a} = 10^{pK_a - pH}$$

この式に pH 5.0，pH 6.0，pH 7.0 のときの分子形［HA］の濃度を求める．

pH 5.0 のとき，$\dfrac{[\text{分子形}]}{[\text{イオン形}]} = 10^{5-5} = 10^0 = 1$

すなわち［分子形］:［イオン形］＝1 : 1．いま［分子形］は最大

0.1 mol/L だから［イオン形］= 0.1 mol/L になる．

pH 6.0 のとき，$\frac{[分子形]}{[イオン形]} = 10^{5-6} = 10^{-1} = 1/10$

すなわち［分子形］:［イオン形］= 1：10 で存在する．

弱酸性薬物 0.11 mol は塩酸 100 mL に懸濁されていることから，仮にすべてが溶解したときの濃度は 0.11 mol × $\frac{1000}{100}$ = 1.1 mol/L になる．

［分子形］= 1.1 × 1/11 = 0.1 mol/L

［イオン形］= 1.1 × 10/11 = 1.0 mol/L

このとき分子形とイオン形を合わせた濃度は 1.1 mol/L になる．

→ pH 6.0 で薬物がすべて溶けることを意味する．

pH 7.0 のとき，$\frac{[分子形]}{[イオン形]} = 10^{5-7} = 10^{-2} = 1/100$

すなわち［分子形］:［イオン形］= 1：100 で存在する．

［分子形］= 1.1 × 1/101 = 0.01 mol/L　→ グラフ 1 になる．

［イオン形］= 1.1 × 100/101 = 1.09 mol/L

演習問題

問題 1　ある弱酸性医薬品（$pK_a = 6$）の pH 3 の水溶液中での溶解度は，10 mg/100 mL である．溶液の pH を 6 にすると溶解度はいくらになるか．

（正解：20 mg/100 mL）

問題 2　弱塩基性物質の溶解度と pH の関係式は，$S = S_o(1 + 10^{pK_a - pH})$ である．この式を誘導しなさい．

問題 3　ある弱塩基性医薬品（$pK_b = 5$）の pH 7 の水溶液中での溶解度は，pH 9 の水溶液中での溶解度の何倍かを求めなさい．

（正解：$S = S_o(1 + 10^{pK_a - pH})$ から pH 7 → $S = 101S_o$，pH 9 → $S = 2S_o$，$S_{pH7}/S_{pH9} = 50.5$）

1-16　分配平衡

医薬品の生体への吸収の度合は分配比などで表すことができる．細胞は脂質二重層の膜で覆われていることから，膜に対する医薬品の親和性＝分配力＝透過性が，その後の生体反応に大きく影響する．つまり分配力＝分配比が大きいほど薬は吸収しやすいということになる（**図 1-9**）．

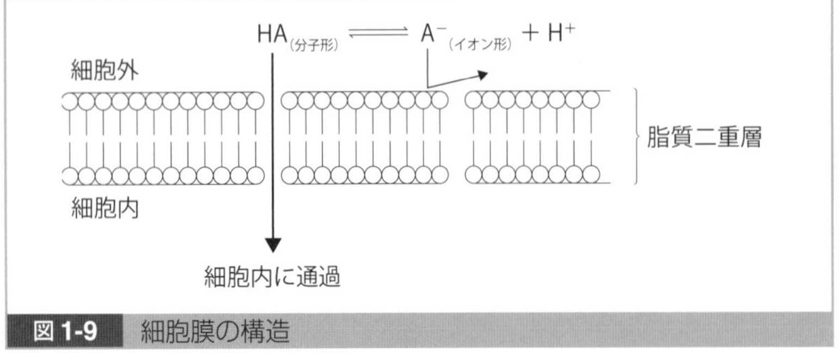

図 1-9　細胞膜の構造

1-16-1 分配係数

互いに混ざらない 2 つの溶媒（水と油）に対する薬物 A（非電解質）の分配係数 K_D（真の分配係数ともいう；$P_{真}$）は，油相（o）と水相（w）中の A の濃度の比，$K_D = \frac{[A]_o}{[A]_w}$ で表される．

（W：Water，O：Oil の略）

A（水）⇄ A（油）

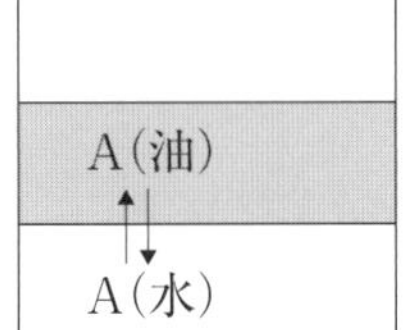

1-16-2 分　配　比

物質 A が溶液中で会合したり，あるいは解離する場合は，各相中の全濃度の比である分配比 D（みかけの分配係数ともいう；$P_{みかけ}$）で表される．

$$D = \frac{C_o}{C_w} \quad \cdots①$$

C_o：有機相中の全濃度，C_w：水相中の全濃度

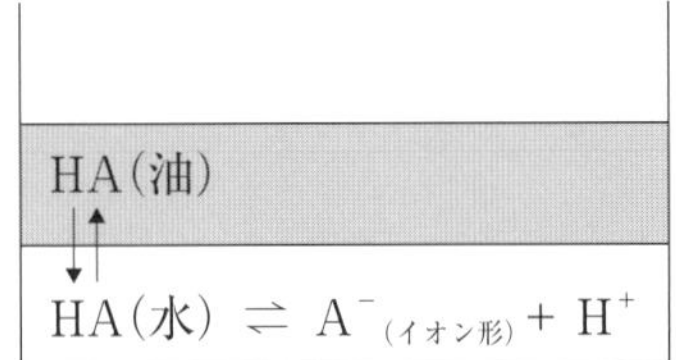

弱酸性物質（HA）の場合

HA は水中で HA ⇌ $H^+ + A^-$ のように解離する．

水中での HA の全濃度は質量均衡式で表すと

$$C_w = [HA]_w + [A^-]_w$$

これに質量作用の法則の式を代入すると $C_w = [HA]_w\left(1 + \frac{K_a}{[H^+]}\right)$ となり，これを式①に代入する．また，$C_o = [HA]_o$ とする．

$$D = \frac{[\mathrm{HA}]_o}{[\mathrm{HA}]_w\left(1+\dfrac{K_a}{[\mathrm{H}^+]}\right)} = \frac{K_D}{\left(1+\dfrac{K_a}{[\mathrm{H}^+]}\right)}$$

pH と pK_a で表すと，

$$D = \frac{K_D}{1+10^{\mathrm{pH}-\mathrm{p}K_a}} \quad \left(P_{みかけ} = \frac{P_{真}}{1+10^{\mathrm{pH}-\mathrm{p}K_a}}\right)$$ となる．

この式から以下のことがわかる．

D は溶液の pH により大きく影響される．

水相の pH が薬物の pK_a より大きいほど，D は小さくなる．

pH = pK_a のとき，$D = \dfrac{K_D}{2}$ になる．

pH が pK_a より十分小さいと $D = K_D$ に近づく．（$P_{みかけ} = P_{真}$）

弱塩基性物質（B）の場合

$$\mathrm{B} + \mathrm{H_2O} \rightleftharpoons \mathrm{BH^+} + \mathrm{OH^-}$$

$$D = \frac{K_D}{1+10^{\mathrm{p}K_a-\mathrm{pH}}} \quad \left(P_{みかけ} = \frac{P_{真}}{1+10^{\mathrm{p}K_a-\mathrm{pH}}}\right)$$ となる．

例 題

■問 1　ある物質 A が水 1 L 中に 4 g 溶けている．これにクロロホルム 500 mL を加えて攪拌し，抽出した場合，クロロホルム相へ抽出される物質 Aの量(g)と抽出率を求めなさい．ただし，分配係数($[\mathrm{A}]_o/[\mathrm{A}]_w$)は 120 とする．

■正解　3.93 g，98.3%

▶解説

$$K = [\mathrm{A}]_o/[\mathrm{A}]_w = \frac{x/0.5}{(4-x)/1} = 120$$

x=3.93，3.93/4 × 100 = 98.3%

■問 2　ある化合物の分子形のみが油相に分配すると仮定したとき，真の分配係数（$P_{真}$），化合物の pK_a，水相の pH およびみかけの分配係数（$P_{みかけ}$）(油/水）の間には次式の関係が成立する．

$$P_{みかけ} = \frac{P_{真}}{1 + 10^{\mathrm{pH}-\mathrm{p}K_a}}$$

この化合物のみかけの分配係数とpHの関係を示したものを図に示した．この化合物のpH 5におけるみかけの分配係数（$P_{みかけ}$）として求められる最も近い値はどれか．

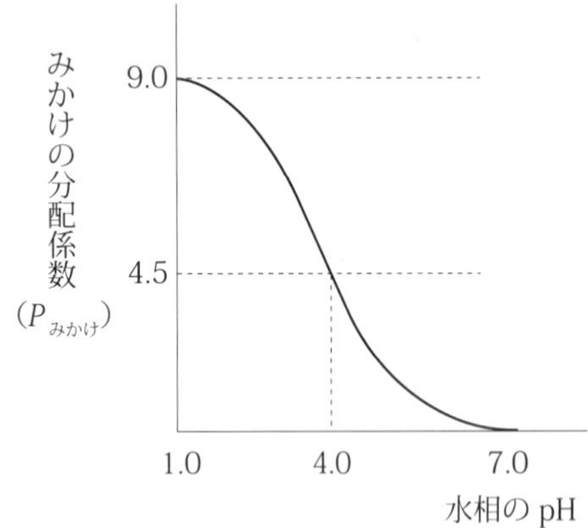

1　0.09　　**2**　0.45　　**3**　0.82　　**4**　3.0　　**5**　4.5　　**6**　8.2

■**正解　3**

▶**解説**

グラフよりpHが小さくなれば，イオン形が減少してみかけの分配係数が大きくなる．イオン形がゼロになったときのみかけの分配係数（$P_{みかけ}$）が，真の分配係数（$P_{真}$）となるので，$P_{真} = 9.0$となる．

また，分子形分率が50%のとき，pH = pK_aとなる．よって，$P_{みかけ} = P_{真} \times$分子形分率より，$P_{みかけ} = 9.0 \times (1/2) = 4.5$のとき，pH = p$K_a$となる．よって，p$K_a$ = 4.0.

したがって，pH 5におけるみかけの分配係数（$P_{みかけ}$）は，

$$P_{みかけ} = \frac{P_{真}}{1 + 10^{\mathrm{pH}-\mathrm{p}K_a}} = \frac{9.0}{1 + 10^{5-4}} = \frac{9.0}{1 + 10} \fallingdotseq 0.818 \fallingdotseq 0.82$$

1-16-3 抽　出　率

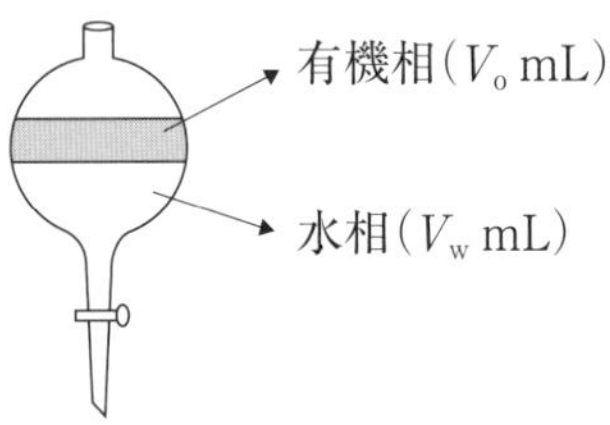

分液漏斗を用いて水に溶けた物質Aを有機溶媒で抽出する場合の抽出率について考えてみる．このときの抽出率（E%）は以下の式により

表される（E : extraction）.

有機相 V_o mL，水相 V_w mL，有機相の濃度 C_o mol/L，水相の濃度 C_w mol/L とすると，

$$E\ (\%) = \frac{\text{有機相}}{\text{有機相}+\text{水相}} \times 100 = \frac{C_o \dfrac{V_o}{1000}}{C_o \dfrac{V_o}{1000} + C_w \dfrac{V_w}{1000}} \times 100$$

$$= \frac{C_o V_o}{C_o V_o + C_w V_w} \times 100$$

分子，分母を $C_w V_o$ で割り，$D = \dfrac{C_o}{C_w}$ を代入

$$= \frac{\dfrac{C_o V_o}{C_w V_o}}{\dfrac{C_o V_o + C_w V_w}{C_w V_o}} \times 100 = \frac{D}{D + \dfrac{V_w}{V_o}} \times 100$$

$$= \frac{1}{1 + \dfrac{V_w}{V_o} \times \dfrac{1}{D}} \times 100$$

この式により抽出率を上げるには，有機溶媒の量を増やすとよいことがわかる.

1-16-4 多段階抽出

一般に分液漏斗で抽出するとき，抽出率を上げるには抽出溶媒を増やすより抽出回数を多くしたほうがよい．これを分配係数 K_D を用いて明らかにする.

たとえば，水相に含まれる溶質を有機溶媒で抽出する.

抽出を n 回行ったときの抽出率は水相中の残存量で考える.

W g の溶質 A を含む水相 V_w mL を，有機溶媒 V_o mL を用いて n 回抽出した後，水相に残存する溶質量 W_n g は，

$$W_n = W \left(\frac{V_w}{K_D V_o + V_w} \right)^n$$

で表される.

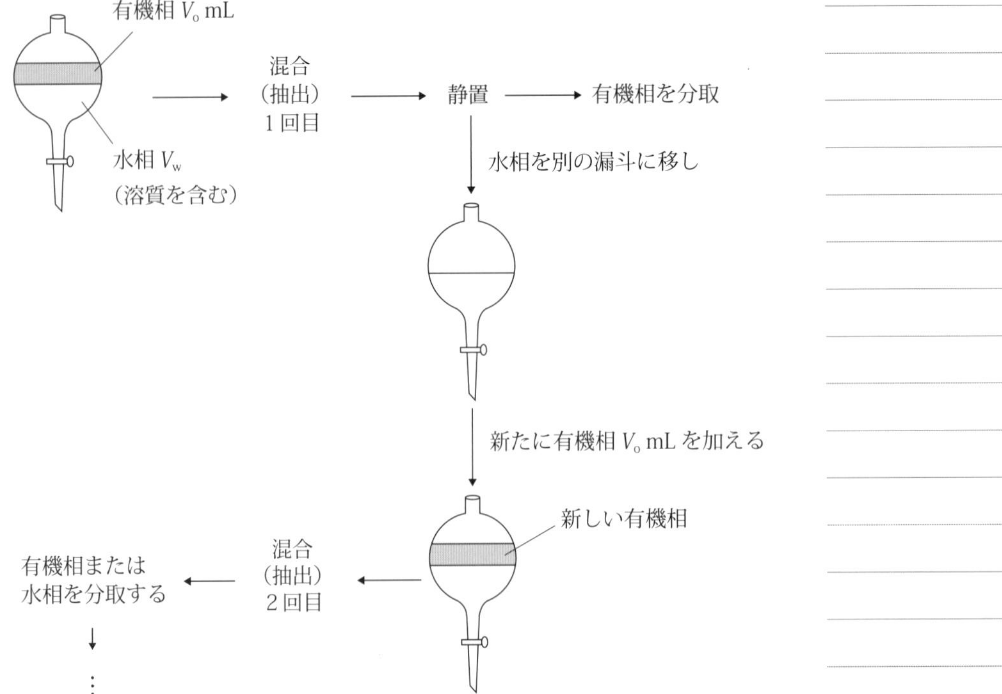

1 回目： 水相中の溶質量を W_1 g とする．

$$K_D = \frac{\dfrac{W - W_1}{V_o}}{\dfrac{W_1}{V_w}} = \frac{WV_w}{V_oW_1} - \frac{V_w}{V_o}$$

$$K_D + \frac{V_w}{V_o} = \frac{WV_w}{V_oW_1}$$

$$V_oW_1 = \frac{WV_w}{K_D + \dfrac{V_w}{V_o}}$$

$$\therefore\ W_1 = W\left(\frac{V_w}{K_DV_o + V_w}\right) \quad \cdots①$$

2 回目： 1 回目抽出後の水相中の量は W_1 g とする．2 回目の残量を W_2 g とすると，

$$K_D = \frac{\dfrac{W_1 - W_2}{V_o}}{\dfrac{W_2}{V_w}} = \frac{W_1V_w - W_2V_w}{W_2V_o}$$

$$K_D + \frac{V_w}{V_o} = \frac{W_1 V_w}{V_o W_2}, \quad V_o W_2 = \frac{W_1 V_w}{K_D + \dfrac{V_w}{V_o}}$$

$W_2 = W_1 \left(\dfrac{V_w}{K_D V_o + V_w} \right)$ となる．

W_1 に①を代入する．

$\therefore W_2 = W \left(\dfrac{V_w}{K_D V_o + V_w} \right)^2$ となる．

n 回の残量は $W_n = W \left(\dfrac{V_w}{K_D V_o + V_w} \right)^n$

例 題

ある医薬品 5 g を水 50 mL に溶かし，これを① 40 mL の有機溶媒で 1 回で抽出，② 20 mL の有機溶媒で 2 回抽出，③ 10 mL の有機溶媒で 4 回抽出したとき，それぞれの水相中の残存量はどうなるか．ただし，分配比は $K_D = 10$ とする．

▶解説および正解

前記の式に代入すると，水相中の残存量は① = 0.55，② = 0.2，③ = 0.06 となり，抽出率は 89% (= (5 − 0.55)/5 × 100)，96%，98.8% と，回数を増やすごとに上がる．

これにより，抽出率を上げるには，抽出する回数を増やすとよいことがわかる．

まとめ　弱電解質の溶解度と分配平衡

1．弱電解質の溶解度

弱酸性医薬品（HA）の溶解度 S は，

$S = S_o\ (1 + 10^{pH - pK_a})$ → pH ＞ pK_a で溶解度は増大する．

弱塩基性医薬品の溶解度は　$S = S_o\ (1 + 10^{pK_a - pH})$ → pH ＜ pK_a で溶解度は増大する．

2．分配係数

A(水) ⇆ A(油)

互いに混ざらない 2 つの溶媒（水と油）に対する薬物（非電解質）の分配係数 K_D は油相（o）と水相（w）中の A の濃度の比，

$K_D = \dfrac{[A]_o}{[A]_w}$で表す.

3．分配比

物質 A が溶液中で解離する場合は，各相中の全濃度の比である分配比を D として，

$D = \dfrac{K_D}{1 + 10^{pH - pK_a}}$となる.　→ pH > p$K_a$ で分配比は減少する.

弱酸性物質を有機溶媒で抽出するときは，酸性にするとよい.

4．抽出率

分液漏斗を用いて水に溶けた物質 A を有機溶媒で抽出する場合の抽出率（E %）は以下の式により表す.

有機相 V_o mL，水相 V_w mL，有機相の濃度 C_o，水相の濃度 C_w とすると，

$$E\ (\%) = \frac{1}{1 + \dfrac{V_w}{V_o} \times \dfrac{1}{D}} \times 100$$

5．多段階抽出

抽出率は水相中の残存量で考える.

溶質量 W_n g は，$W_n = W\left(\dfrac{V_w}{K_D V_o + V_w}\right)^n$ で表される.

課題

分配比が大きい薬物ほど薬理活性が強いという現象を，生体膜との関連で説明しなさい.

例題

■問 1　互いに混ざらない 2 つの溶媒（水と油）に対する弱酸性薬物のみかけの分配係数（$P_{みかけ}$）に関する次の記述のうち正しいものはどれか．ただし，真の分配係数を $P_{真}$とし，弱酸性薬物の解離定数を pK_a とする.

1　水相の pH を弱酸の pK_a にすると，$P_{みかけ} = P_{真}$となる.

2　水相の pH を弱酸の pK_a より高くすると，$P_{みかけ}$の値は大きくなる.

3　水相の pH を弱酸の pK_a より小さくすると，$P_{みかけ}$の値は $P_{真}/2$ となる.

4　水相の pH を変化させても $P_{真}$の値は変わらない.

■正解　4

▶解説

1　pH = pK_aでは，$P_{みかけ}$ = $P_{真}$/2 となる．

2　pH > pK_aでは$P_{みかけ}$の値は小さくなる．

3　pH < pK_aでは pH = pK_aのときよりも$P_{みかけ}$の値は$P_{真}$に近づく．

★　この問題を塩基性物質に置き換えてみよう！

■問2　薬物の分析を行う際の試料の前処理法に関する記述のうち，正しいものはどれか．

1　溶媒抽出で1回の抽出率が悪いときは，複数回行って抽出率を上げることができる．

2　弱塩基性薬物では pK_aより水相の pH を低く調整し，有機溶媒中に抽出する．

3　試料溶液中のカルボン酸を有機溶媒中に抽出するには，カルボン酸がイオン形となるように pH を調整するのがよい．

■正解　1

■問3　弱電解質 A の pK_aを推定する目的で，種々の pH で A の水溶液（10 mg/mL）を調製し，その 5 mL ずつに，それぞれクロロホルム 5 mL を加えてよく振り混ぜ，分配平衡に達した後，水相中の A の濃度を測定した．結果は表に示してある．また，相互作用はないものとする．

水相の pH	1	2	3	4	5	6	7	8
水相中の A の濃度(mg/mL)	10.0	10.0	9.2	5.5	1.8	1.1	1.0	1.0

次の記述のうち，正しいものはどれか．1つ選びなさい．

1　A は pK_aが約3の酸である．

2　A は pK_aが約4の酸である．

3　A は pK_aが約5の酸である．

4　A は pK_aが約4の塩基である．

5　A は pK_aが約5の塩基である．

6　A は pK_aが約6の塩基である．

■正解　5（出典 国試第76回　問169）

▶**解説**

〈**考え方**〉

1. 酸性物質か塩基性物質かを判別する.
2. 分配係数（真）を求め，みかけの分配係数の式を立てる.
3. $pH = pK_a$ として，みかけの分配係数を求める.
4. 水相中の濃度を求める.

1. 水相中の薬物濃度は pH の上昇とともに減少しているため，これは塩基性物質と推定できる.

   B（分子形）+ H^+ $\rightleftharpoons$ BH^+（イオン形）

   質量作用の法則の式を共役な K_a で表す.

$$K_a = \frac{[B][H^+]}{[BH^+]} \quad \cdots①$$

2. $P_{真} = \dfrac{[B]_o}{[B]_w} = \dfrac{9}{1} = 9$

分子形は油：水＝9：1 で分配する.

水相中の濃度は，$10\ mg \times 1/(9+1) = 1\ mg/mL$

油相中の濃度は，$10\ mg \times 9/(9+1) = 9\ mg/mL$

になる.

$$P_{みかけ} = \frac{[B]_o}{[B]_w + [BH^+]_w} = \frac{[B]_o}{[B]_w\left(1 + \dfrac{[BH^+]_w}{[B]_w}\right)}$$

これに式①を代入すると，

$$P_{みかけ} = \frac{P_{真}}{1 + \dfrac{[H^+]}{K_a}} = \frac{P_{真}}{1 + 10^{pK_a - pH}}$$

3. $pK_a = pH$ のとき，

$P_{みかけ} = 9/(1 + 10^0) = 9/2 = 4.5$

$P_{みかけ} = 4.5$ ということは，油相：水相 = 4.5：1 に分かれる.

4. 水相中の濃度は，

$10\ mg/mL \times 1/5.5 = 1.82\ mg/mL$

1.8 mg/mL に相当する pH は 5

よって，pK_a は 5 となる.

沈殿平衡

2章

沈殿平衡とは，難溶性塩（溶けにくい塩）の化学平衡である．

難溶性塩の溶解や沈殿反応は，生体や臨床にはあまり関与しないと考えがちである．しかし，体を支える骨の組成は何か，虫歯はなぜ歯を溶かすのか，医薬品にバリウムや銀が含まれていても安全か，また，薬品の配合禁忌の多くに沈殿の問題が多いことなどを考えるとき，沈殿平衡を理解することは，薬剤師の基礎知識として必須の内容であることがわかる．

2-1 溶解と沈殿

溶解とは
沈殿とは ｝何か？を考える

難溶性の塩には，炭酸バリウム，炭酸カルシウム，水酸化マグネシウム，ハロゲン銀などがある．

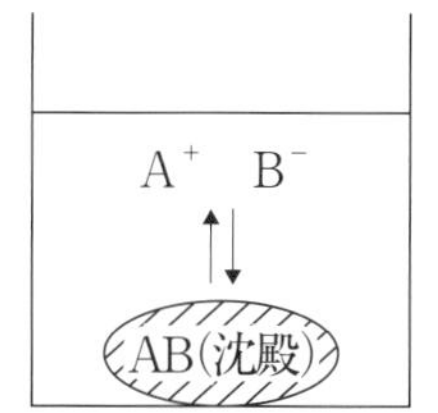

$$AB\downarrow \rightleftharpoons A^+ + B^-$$

（沈殿）　　$\downarrow$：沈殿を意味する

固体（溶けていないもの）⇄イオン種（溶けている物質）間での化学平衡（不均一系の平衡）．わずかに溶けたものは100％解離する．

物質が水に溶ける現象を化学的に説明すると，

結晶中の結合が切れて水に囲まれる．⇨ 水和されるという．

↓ この力を格子エネルギーという．

↓ この力を水和エネルギーという．

NaClのかたまりを水に加えたとする．

溶解の原理は以下のように考える．

・水分子は分極している．

→ Na^+ と Cl^- の周りに水分子が近づく．

→ NaCl の結合が水素結合の力によって引き離される．

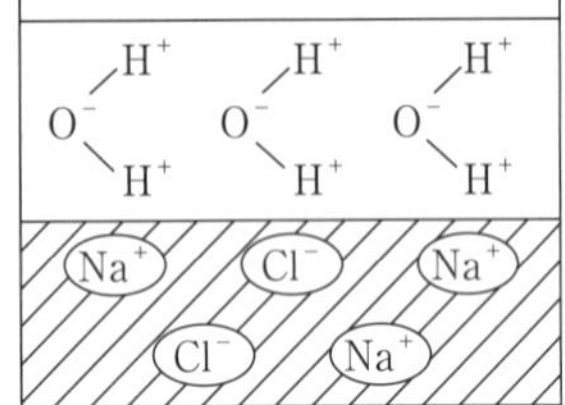

Na^+ ← $O^{\ominus}$（H, H）

↑

$O^{\ominus}$（H, H）

（水和）イオン結合は弱い．

・溶解は，格子エネルギーと水和エネルギーのバランスによって決まる．

一般にその力は，水和エネルギー≫格子エネルギーである．

1. 難溶性化合物が生じる要因

① 水和エネルギー（溶かす側の力）

② 結合様式（イオン結合 ＜ 配位結合 ＜ 共有結合）

結合する力 ———→ 大

すぐ溶ける　　　　溶けにくい

ex）NaCl　　　　ex）AgCl

③ 格子エネルギー（結晶中の結合する力）

難溶性は①，②，③のバランスで決まる．

2. 格子エネルギー・水和エネルギーの強さを決定するもの

① イオン電荷数　$Na^+ < Mg^{2+} < Al^{3+}$

電荷数が大きいほど，水和エネルギーは大きくなる．

② イオン半径

半径が小さいほど，水和エネルギーは大きくなる．

一般に，イオンの電荷数が大きいほど難溶性であり，イオン半径が小さいほど溶けやすいことになる．

3. 沈殿平衡に使用される用語

溶質　：液体に溶けている物質

溶媒　：溶質を溶かす液体

溶液　：溶質が溶けた液体

飽和溶液：溶質がこれ以上溶けない濃度の溶液（溶けなくなると沈殿が生じる）

溶解度　：飽和溶液での溶質の濃度（mol/L）

2-2 溶解度積（solubility product, K_{sp}）

難溶性の塩 $BaSO_4$ を水に加えると，一部分は溶ける．

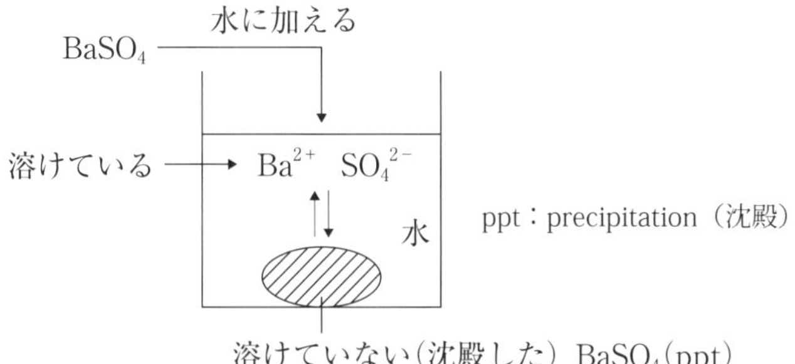

［溶液中］

$BaSO_4$（沈殿） ⇌ $BaSO_4$ —100%→ $Ba^{2+} + SO_4^{2-}$

一部分溶ける　　強酸の塩 → 分子形として存在しない

沈殿している物質と溶けたイオン物質の間に平衡が成立している．

⇨ 沈殿平衡

2-2-1 質量作用の法則

$$K = \frac{[Ba^{2+}][SO_4^{2-}]}{[BaSO_4]_{沈殿}}$$

$[BaSO_4]_{沈殿}$ → 量的に固体のほうが圧倒的に多く，固体の量は溶解したり，沈殿する Ba^{2+} や SO_4^{2-} の量に影響されないほど大きい．したがって，［$BaSO_4$］は一定とみなす（ほとんど変化なし）ことができる．

$[BaSO_4]_{沈殿}$を左辺に移し，

$K[BaSO_4]_{沈殿} = [Ba^{2+}][SO_4^{2-}]$

↓ 一定と考える

$K[BaSO_4]_{沈殿} = K_{sp}$ とすると，

$K_{sp} = [Ba^{2+}][SO_4^{2-}]$ となる．

K_{sp} = 溶解度積 = 飽和溶液中のイオンの積

K_{sp} の値から何がわかるか？

溶けたイオンの濃度が大きいとき → K_{sp} は大きい

溶けたイオンの濃度が小さいとき → K_{sp} は小さい

K_{sp} からみると，

K_{sp} が大きい ──→ 溶けやすい物質

K_{sp} が小さい ──→ 溶けにくい物質

溶解度積を比較することにより，溶けにくいかどうかがわかる．

溶解度積を反応速度から説明すると，

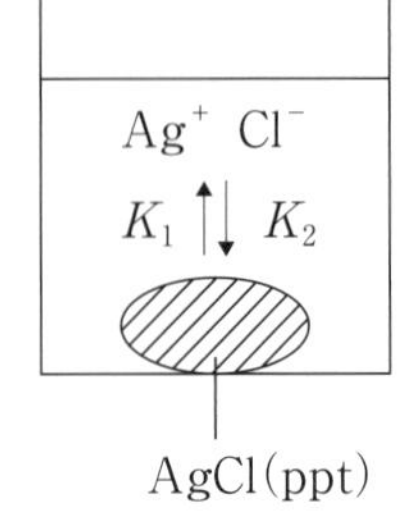

1．溶け出す速度 V_1 は結晶の表面積 P に比例．

$$V_1 = K_1 P$$

細かく砕くと表面積が大きくなり水和反応が起こる．そのため水に溶けやすくなる．

2．析出する速度 V_2 は Ag^+ と Cl^- の濃度と結晶の表面積 P に比例する（Ag^+ と Cl^- が反応する確率は濃度と P に比例する）．

$$V_2 = K_2[Ag^+][Cl^-]\ P$$

平衡が成立しているとき $V_1 = V_2$ となり，

$$K_1 \cancel{P} = K_2[Ag^+][Cl^-]\ \cancel{P}$$

$$K_{sp} = \frac{K_1}{K_2} = [Ag^+][Cl^-]$$

$$\underset{(ppt)}{AgCl} \underset{K_2}{\overset{K_1}{\rightleftharpoons}} \underset{(溶解)}{AgCl} \longrightarrow Ag^+ + Cl^-$$

K_{sp} が大きい ──→ $K_1 > K_2$ ──→ 溶出する反応が大きい

K_{sp} が小さい ──→ $K_1 < K_2$ ──→ 析出する反応が大きい

2-2-2 溶　解　度　積

難溶性の塩にはいくつかの種類がある．したがって，K_{sp} の式は，塩の種類により異なる．

① AB（型）　ex）AgCl

$$AB \rightleftharpoons A^+ + B^-$$

$$K_{sp} = [A^+][B^-]$$

② A_2B（型）　ex）Ag_2CrO_4

$$A_2B \rightleftharpoons 2A^+ + B^{2-}$$

↓

$A^+ + A^+$（2 mol 相当）

$$K_{sp} = [A^+][A^+][B^{2-}]$$
$$= [A^+]^2[B^{2-}]$$

③ A_2B_3（型）　ex）Al_2S_3

$$A_2B_3 \rightleftharpoons 2A^{3+} + 3B^{2-}$$

$$K_{sp} = [A^{3+}]^2[B^{2-}]^3$$

したがって一般式は，

$$nA^{m+} + mB^{n-} \rightleftharpoons A_nB_m$$

$$K_{sp} = [A^{m+}]^n[B^{n-}]^m$$

2-3 溶解度

溶解度積から溶解度 S mol/L を求める.

塩化銀の場合［AB 型］

$$\mathrm{AgCl}\downarrow \longrightarrow \underset{S\,\mathrm{mol}}{\mathrm{Ag^+}} + \underset{S\,\mathrm{mol}}{\mathrm{Cl^-}}$$

（溶けたイオン）

溶けた S mol の AgCl から S mol の Ag^+, Cl^- が生じる.

$K_{sp} = [Ag^+][Cl^-]$

$S = [Ag^+] = [Cl^-]$ …質量均衡式

$K_{sp} = S \times S$

$K_{sp} = S^2$

$S = \sqrt{K_{sp}}$ ［AB 型］

重クロム酸銀の場合［A_2B 型］

$$\mathrm{Ag_2Cr_2O_7}\downarrow \rightleftharpoons \mathrm{Ag_2Cr_2O_7} \longrightarrow 2\mathrm{Ag^+} + \mathrm{Cr_2O_7^{2-}}$$

（溶解）　溶解度 S mol/L　　$2Ag^+$ = $[Ag^+]$

$2S$ mol/L　S mol/L

$K_{sp} = [Ag^+]^2[Cr_2O_7^{2-}]$

$= (2S)^2 \times S$ ← 代入

$= 4S^3$

$S = \sqrt[3]{\dfrac{K_{sp}}{4}}$ ［A_2B 型］

溶けたイオンの質量均衡式

$S\,\mathrm{mol/L} = \dfrac{[Ag^+]}{2} \rightarrow [Ag^+] = 2S\,\mathrm{mol/L}$

$[Cr_2O_7^{2-}] = S\,\mathrm{mol/L}$

↑

質量均衡式をもう一度復習する.

ex）$Na_2SO_4 \rightleftharpoons 2Na^+ + SO_4^{2-}$

C mol/L

$C = \dfrac{1}{2}[Na^+]$

$C = [SO_4^{2-}]$

A_2B_3 型の場合

$$\mathrm{A_2B_3}\downarrow \rightleftharpoons 2\mathrm{A^{3+}} + 3\mathrm{B^{2-}}$$

溶解度 S mol/L　　$2S$ mol/L　$3S$ mol/L

$K_{sp} = [A^{3+}]^2[B^{2-}]^3$

$= (2S)^2(3S)^3$

$= 108S^5$

$S = \sqrt[5]{\dfrac{K_{sp}}{108}}$ ［A_2B_3 型］

一般式　$A_nB_m\downarrow \rightleftharpoons nA^{m+} + mB^{n-}$

溶解度を S mol/L とすると，

$$S = \frac{1}{n}[A^{m+}] \rightarrow nS = [A^{m+}],\ S = \frac{1}{m}[B^{n-}] \rightarrow mS = [B^{n-}]$$

$$K_{sp} = [A^{m+}]^n[B^{n-}]^m = (nS)^n(mS)^m = n^nm^mS^{n+m}$$

$$\boxed{S = \sqrt[n+m]{\frac{K_{sp}}{n^nm^m}}}$$

いろいろな塩の種類によって，溶解度と K_{sp} の関係式は異なる．

したがって，同じ種類であれば，溶解度積を比較することで溶けにくいかどうかはわかるが，AB 型と A_2B 型を比べても溶けやすさはわからない！

たとえば，

Ag_2CrO_4 の $K_{sp} = 1.2 \times 10^{-12}$，AgCl の $K_{sp} = 1.78 \times 10^{-10}$

K_{sp} を比較すると，

$$\underbrace{K_{sp}(Ag_2CrO_4)}_{A_2B\text{型}} < \underbrace{K_{sp}(AgCl)}_{AB\text{型}}$$

しかし，溶解度を求めると，

$$Ag_2CrO_4 \rightleftharpoons 2Ag^+ + CrO_4^{2-}$$

S mol/L

$$[Ag^+] = 2S$$

$$[CrO_4^{2-}] = S$$

$$K_{sp} = [Ag^+]^2[CrO_4^{2-}] = 4S^2 \times S = 4S^3$$

$$\therefore S = \sqrt[3]{\frac{K_{sp}}{4}} = \sqrt[3]{\frac{1.2 \times 10^{-12}}{4}}$$

$$S_{Ag_2CrO_4} = 6.8 \times 10^{-5}\ \text{mol/L}$$

これに対し，

$$AgCl \rightleftharpoons Ag^+ + Cl^-$$

$$K_{sp} = [Ag^+][Cl^-] = S^2$$

$$S = \sqrt{1.78 \times 10^{-10}}$$

$$S_{AgCl} = \underline{1.33 \times 10^{-5}\ \text{mol/L}}$$

$S_{Ag_2CrO_4} > S_{AgCl}$

溶解度積：$Ag_2CrO_4 < AgCl$

溶解度　：$Ag_2CrO_4 > AgCl$

沈殿型の違うものは溶解度を求めなければ，どちらが溶けやすいかはわからない.

例題

MX_2 の溶解度積が 3.2×10^{-8} のとき，その飽和溶液中の X^- の濃度（mol/L）に最も近い値はどれか.

1　1.6×10^{-4}　**2**　4.0×10^{-4}　**3**　6.4×10^{-4}

4　2.0×10^{-3}　**5**　4.0×10^{-3}

■正解　5

▶解説

溶解度を S とすると，$S = [M^{2+}] = 1/2[X^-]$，よって $[M^{2+}] = S$, $[X^-] = 2S$

溶解度と溶解度積の関係式は，$K_{sp} = 4S^3$ なので，これに K_{sp} の値を入れて，S を算出すると，$S = 2\times10^{-3}$ となる．$[X^-] = 2S = 4\times10^{-3}$

2-4 イオン積

イオン濃度の積には，溶解度積（K_{sp}）とイオン積がある.

飽和溶液中のイオンの濃度の積 ⇨ 溶解度積 K_{sp} に相当する.

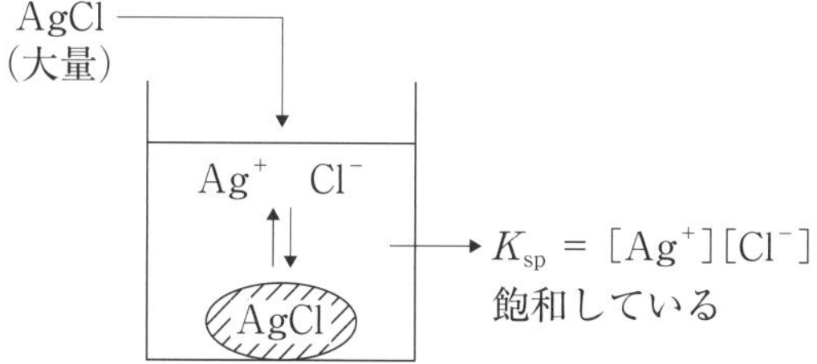

これに対して，飽和していない溶液中のイオン濃度の積 ⇨ **イオン積**という.

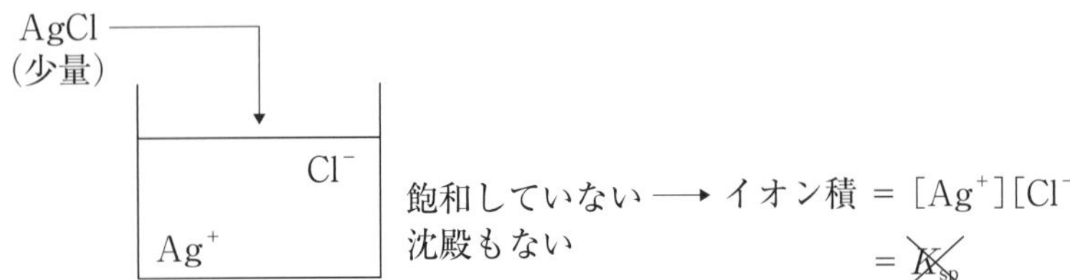

イオン積 = K_{sp} ⟶ イオン積が溶解度積と等しい.

→この溶液は飽和している.

イオン積 < K_{sp} ⟶ 飽和していない.

イオン積 > K_{sp} ⟶ すでに沈殿している.

イオン積と溶解度積を比較することにより，溶液の状態がわかる．ある物質を沈殿させたいとき，どのくらい試薬を加えたら沈殿が生じるか？がわかる.

ex）$[Cl^-]$ が 6×10^{-3} mol/L の溶液にどのくらい $[Ag^+]$ を加えたら，沈殿が生じるか？溶解度積は $K_{sp}(AgCl) = 1.2 \times 10^{-10}$ である.

〈考え方〉 溶解度積の式を立て，飽和に必要な試薬量を計算する.

$$K_{sp} = [Ag^+][Cl^-]$$

この式に $[Cl^-]$ を代入し，飽和に必要な $[Ag^+]$ を求める.

$$[Ag^+] = \frac{1.2 \times 10^{-10}}{6 \times 10^{-3}} = 2 \times 10^{-8}\ \text{mol/L}$$

→この濃度でちょうど飽和した.
まだ沈殿は開始しない.

よって <u>2×10^{-8} mol/L 以上加えると</u>沈殿が生じる.

2-5 分別沈殿

分別沈殿とは，沈殿によって物質を分ける操作をいう.

ex）KI と NaCl が同じ濃度で含まれる溶液がある．これに $AgNO_3$ を加えていくとどちらが先に沈殿するか？

KI，NaCl $\xrightarrow{AgNO_3}$ AgI↓ AgCl↓

$$KI + AgNO_3 \longrightarrow AgI\downarrow + KNO_3$$

$$NaCl + AgNO_3 \longrightarrow AgCl\downarrow + NaNO_3$$

AgI と AgCl は同じ塩の型 ⇨ 濃度が同じであれば K_{sp} を比較すれ

ばわかる.

$$\left.\begin{array}{l}K_{sp}(\mathrm{AgI}) = 1 \times 10^{-16} \\ K_{sp}(\mathrm{AgCl}) = 1.1 \times 10^{-10}\end{array}\right\} \text{ AgI のほうが早く沈殿する.}$$

通常は飽和に必要な Ag^+ 濃度を求めることで，どちらが先に沈殿するか判断する.

最初に，イオン積＝K_{sp} の式を立てる.

たとえば $[I^-]$ と $[Cl^-]$ を 0.1 mol/L と仮定する.

$[Ag^+][I^-] = 1 \times 10^{-16}$ から $[I^-]$ を沈殿させるのに必要な $[Ag^+]$ は 1×10^{-15} mol/L となる.

$[Cl^-]$ の場合は，$[Ag^+][Cl^-] = 1 \times 10^{-10}$ から $[Ag^+] = 1 \times 10^{-9}$ mol/L となる.

つまり飽和に要する $[Ag^+]$ は，

$[I^-]$ に対して 1×10^{-15} mol/L

$[Cl^-]$ に対して 1×10^{-9} mol/L

$[I^-]$ を飽和するための $[Ag^+]$ のほうがはるかに小さい

⇨ I^- のほうが早く沈殿することが考えられる.

それでは Cl^- が沈殿するとき，$[I^-]$ はどのくらいか？

両方沈殿するときの $[Ag^+]$ は，

$$[Ag^+][I^-] = 1 \times 10^{-16}$$

$$[Ag^+][Cl^-] = 1.1 \times 10^{-10}$$

$$[Ag^+] = \frac{1 \times 10^{-16}}{[I^-]}, \quad [Ag^+] = \frac{1.1 \times 10^{-10}}{[Cl^-]}$$

両方沈殿するということは，使われる $[Ag^+]$ は等しいと考える.

$$\frac{1 \times 10^{-16}}{[I^-]} = \frac{1.1 \times 10^{-10}}{[Cl^-]}$$

$$\frac{1 \times 10^{-16}}{1.1 \times 10^{-10}} = \frac{[I^-]}{[Cl^-]}$$

$[I^-]$ はどのくらいか？

$$[I^-] = [Cl^-] \times 10^{-6}$$

$[Cl^-]$ が沈殿するとき，$[I^-]$ は $[Cl^-]$ の 100 万分の 1 の量になっている.

塩の型や濃度が異なる場合はどうか．次の例題で考えてみよう.

例 題

■問 1　0.05 mol/L NaCl と 0.002 mol/L K_2CrO_4 に Ag^+ を加えて沈殿させたい.

どちらが先に沈殿するか．また CrO_4^{2-} が沈殿するとき，沈殿せずに残っている Cl^- 濃度を求めなさい．

▶**解説**

NaCl と K_2CrO_4 の濃度が異なる．また，それぞれの塩の型も異なる．

0.05 mol/L NaCl ＋ $AgNO_3$ ⟶ AgCl ↓　$K_{sp} = 1.1 \times 10^{-10}$

0.002 mol/L K_2CrO_4 ＋ $AgNO_3$ ⟶ Ag_2CrO_4 ↓　$K_{sp} = 9 \times 10^{-12}$

沈殿に必要な Ag^+ の濃度を求める．

↓

少ないほうが早く沈殿すると考える．

(1)　$[Ag^+][Cl^-] = 1.1 \times 10^{-10}$

$[Ag^+] \times 0.05 = 1.1 \times 10^{-10}$

$[Ag^+] = 2.2 \times 10^{-9}$ mol/L　㊀小

(2)　$[Ag^+]^2[CrO_4^{2-}] = 9 \times 10^{-12}$

$[Ag^+]^2 \times 0.002 = 9 \times 10^{-12}$

$[Ag^+] = 6.7 \times 10^{-5}$ mol/L　㊀大

（比較する）

(1)　AgCl としてまず沈殿する．

その理由は**必要な Ag^+ 濃度が小さいことによる．**

(2)　次に CrO_4^{2-} が沈殿するときの Cl^- 濃度は，

CrO_4^{2-} が沈殿するのに必要な $[Ag^+] = 6.7 \times 10^{-5}$ mol/L であるから，この Ag^+ 濃度で飽和している Cl^- 濃度を算出する．

$[Ag][Cl^-] = 1.1 \times 10^{-10}$

$$[Cl^-] = \frac{1.1 \times 10^{-10}}{6.7 \times 10^{-5}} = 1.6 \times 10^{-6} \text{ mol/L}$$ となる．

CrO_4^{2-} が沈殿するとき，飽和している Cl^- 濃度は 1.6×10^{-6} mol/L ということである．

Cl^- ⇨ ほぼ完全に沈殿していると考えることができる．

■**問 2**　KI 1×10^{-7} mol/L，KCl 1 mol/L 含む溶液がある．これに Ag^+ を加えていくと，どちらが先に沈殿するか．　（正解：Cl^-）

2-6　溶解度に影響する因子

①　**温度**…一般に溶解は吸熱反応なので，温度を高くすれば溶解度は大

きくなる．

② **溶媒**…溶媒の誘電率が小さくなると溶解度は減少する．

誘電率 ε：物質を電場の中に入れたとき，プラスとマイナスに分極する程度を示す定数で，極性の目安とされ，ε で表す．代表的な溶媒の ε は，水：82，メタノール：35.4，エタノール：25，エーテル：4.3，ベンゼン：2.26 である．
クローン力 f：イオン同士を引きつけ合う力
e_1，e_2：溶質のプラスとマイナスの電荷の電気量
r：e_1 と e_2 の間の距離

$$f = \frac{e_1 \times e_2}{\varepsilon \times r^2}$$

ε が大きくなると，f は小さくなる．
→ 解離しやすくなり，溶けやすくなる．
ε が小さくなると，f は大きくなる．
→ ＋と－の親和力が大きくなり，溶けにくくなる．

③ **共通イオン**…反応に共通なイオンを加えると沈殿は増大する．

$$Ag^+ + Cl^- \longrightarrow AgCl\downarrow \xrightarrow[\text{(共通イオン)}]{Ag^+} AgCl\downarrow$$

どちらかに共通なイオン（Ag^+，Cl^-）　　沈殿が増える

（例外）

錯体　$Ag^+ + CN^- \longrightarrow AgCN\downarrow \xrightarrow{CN^-} [Ag(CN)_2]^-$

⊖になり溶ける

④ **共存イオン**（共通イオンでないイオン）…他のイオンによりイオン強度が増大すると溶解度は増大する．

・$Ag^+ + Cl^- \longrightarrow AgCl\downarrow \xrightarrow[\text{(共存イオン)}]{NO_3^-} AgNO_3 + Cl^-$

溶解度↑

・反応に関与しない他のイオンが共存したとき
他のイオン濃度↑ → イオン強度↑ → 溶質の活量↓ → 活量係数↓

↑：増大
↓：減少

Ag^+ と Cl^- の反応では，

$K_{sp} = [Ag^+][Cl^-]$

活量 a で表すと，　$= a_{Ag^+} \cdot a_{Cl^-}$
活量係数 γ で表すと，　$= [Ag^+]\gamma_{Ag^+} \cdot [Cl^-]\gamma_{Cl^-}$
溶解度 S を用いると，　$= S\gamma_{Ag^+} \cdot S\gamma_{Cl^-}$
$\gamma_{Ag^+} = \gamma_{Cl^-}$ より，　$= S^2\gamma^2$

活量については 1-2 節を参照のこと．

$$S^2 = \frac{K_{sp}}{\gamma^2}$$

$$S = \sqrt{K_{sp}} \times \frac{1}{\gamma}$$

この式は $\gamma \downarrow \rightarrow S \uparrow$ となる．

つまり，他の物質の添加により，溶液のイオン強度が高まる

→ 活量係数は減少 → 溶解度は大きくなる

⑤ pHの影響

今まで述べた塩化物，臭化物，ヨウ化物，硫酸塩などの難溶性の塩は，強酸性の塩であるため，pHの影響はなかった．

$AgCl \downarrow$　$AgBr \downarrow$　$AgI \downarrow$

これらの難溶性の塩は pH に影響しない

$AgCl \longrightarrow Ag^+ + Cl^-$　強酸なので H_2O と反応して HCl となることはない．

しかし，弱酸である酢酸やシュウ酸などは H_2O と反応してしまう．

☆ **弱酸の難溶性の塩**は pH により影響される！

ex1） CH_3COOAg を考える．

（1）$CH_3COOAg \downarrow \rightleftharpoons CH_3COO^- + Ag^+$

$$K_{sp} = [CH_3COO^-][Ag^+]$$

（2）ここで解離した CH_3COO^- は次の酸塩基平衡が生じる．

$$CH_3COO^- + H^+ \rightleftharpoons CH_3COOH$$

$$K_a = \frac{[CH_3COO^-][H^+]}{[CH_3COOH]}$$

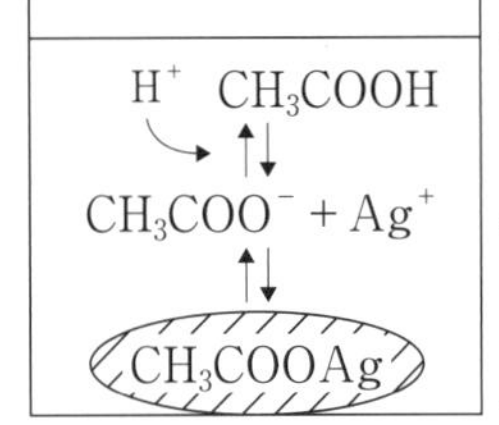

$[H^+]$ が高くなれば，CH_3COOH が生成することになる

→ CH_3COOAg の溶解度は高くなる

この系では酸塩基平衡と沈殿平衡が共存している → K_{sp} を使って S を求める → 最初に質量均衡式を立てる．

溶解度 S（mol/L）$= [Ag^+]$

$$S = [CH_3COO^-] + [CH_3COOH]$$

$$= [CH_3COO^-]\left(1 + \frac{[CH_3COOH]}{[CH_3COO^-]}\right)$$

K_aの式を代入すると,

$$= [CH_3COO^-](1 + \frac{[H^+]}{K_a})$$

$$\boxed{\frac{[CH_3COOH]}{[CH_3COO^-]} = \frac{[H^+]}{K_a}}$$

$S = [Ag^+]$ の両辺を 2 乗する．$S^2 = [Ag^+]^2$ …①

$S = [Ag^+] = [CH_3COO^-]\left(1 + \frac{[H^+]}{K_a}\right)$ を①の$[Ag^+]$の 1 つに代入する.

$$S^2 = [Ag^+][CH_3COO^-]\left(1 + \frac{[H^+]}{K_a}\right)$$

$[Ag^+][CH_3COO^-]$ → K_{sp} に相当

$$S^2 = K_{sp}\left(1 + \frac{[H^+]}{K_a}\right)$$

$$\boxed{S = \sqrt{K_{sp}\left(1 + \frac{[H^+]}{K_a}\right)}}$$

導けるようにしておこう！

pH と pK_a で表すと,

$$\boxed{S = \sqrt{K_{sp}(1 + 10^{pK_a - pH})}} \longleftarrow \frac{[H^+]}{K_a} = x$$

$$\log x = \log[H^+] - \log K_a$$
$$= pK_a - pH$$
$$x = 10^{pK_a - pH}$$

(1)　弱酸の難溶性の塩を含む溶液の pH を酸性にすると,

$[H^+] \gg K_a \rightarrow \frac{[H^+]}{K_a} \gg 1$

と考えられ,

$$1 + \frac{[H^+]}{K_a} \fallingdotseq \frac{[H^+]}{K_a}$$

$$S = \sqrt{K_{sp} \times \frac{[H^+]}{K_a}}$$

になる.

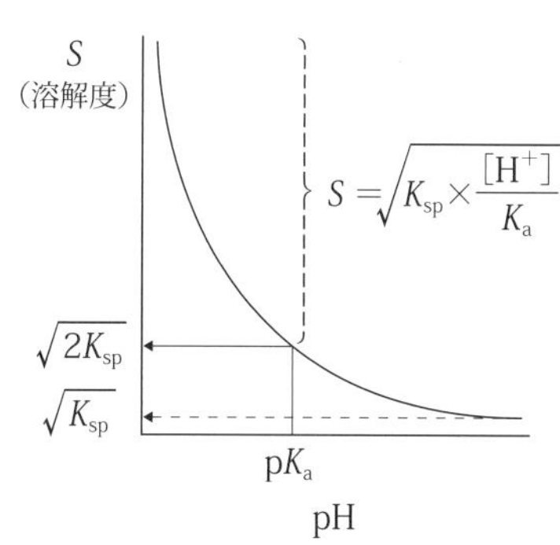

→ 酸性になればなるほど溶解度↑

(2)　解離定数と同じ pH にすると,

$[H^+] = K_a \rightarrow S = \sqrt{K_{sp}(1 + 1)}$
$= \sqrt{2K_{sp}}$

(3)　この溶液を塩基性にすると，

$$[H^+] \ll K_a \rightarrow S = \sqrt{K_{sp}\left(1 + \frac{[H^+]}{K_a}\right)}$$

$$= \sqrt{K_{sp}}$$

$[H^+]$ が小さくなるから $\fallingdotseq 0$ に近くなる．

ex2)　硫化物の溶解度と H^+ との関係を考える

①　金属　$M^{2+} + S^{2-} \rightleftharpoons MS\downarrow$　　　M = Metal ion

$K_{sp} = [M^{2+}][S^{2-}]$

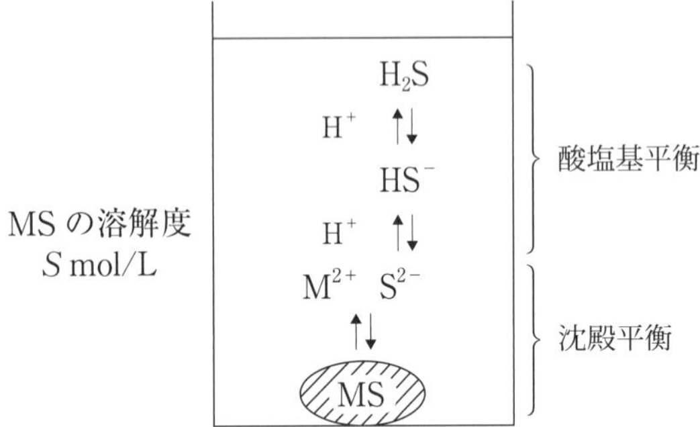

②　$S^{2-} + H^+ \underset{K_{a_2}}{\rightleftharpoons} HS^-$　　$K_{a_2} = \dfrac{[S^{2-}][H^+]}{[HS^-]}$

$HS^- + H^+ \underset{K_{a_1}}{\rightleftharpoons} H_2S$　　$K_{a_1} = \dfrac{[HS^-][H^+]}{[H_2S]}$

溶解度　C mol/L $= [M^{2+}] = [S^{2-}] + [HS^-] + [H_2S]$

$$= [S^{2-}]\left(1 + \frac{[HS^-]}{[S^{2-}]} + \frac{[H_2S]}{[S^{2-}]}\right) \cdots ①$$

$C^2 = [M^{2+}]^2$ とし，$[M^{2+}]$の１つに①を代入する．

$$= \underbrace{[M^{2+}][S^{2-}]}_{K_{sp}}\left(1 + \frac{[HS^-]}{[S^{2-}]} + \frac{[H_2S]}{[S^{2-}]}\right)$$

質量作用の法則の式を代入する．

$K_{a_2} = \dfrac{[H^+][S^{2-}]}{[HS^-]}$ から，$\dfrac{[HS^-]}{[S^{2-}]} = \dfrac{[H^+]}{K_{a_2}}$

$K_{a_1} \times K_{a_2} = \dfrac{\cancel{[HS^-]}[H^+]}{[H_2S]} \times \dfrac{[S^{2-}][H^+]}{\cancel{[HS^-]}} = \dfrac{[S^{2-}][H^+]^2}{[H_2S]}$ から，

$$\frac{[H_2S]}{[S^{2-}]} = \frac{[H^+]^2}{K_{a_1}K_{a_2}}$$

を代入すると，

$$C^2 = K_{sp}\left(1 + \frac{[H^+]}{K_{a_2}} + \frac{[H^+]^2}{K_{a_1}K_{a_2}}\right)$$

$$C = \sqrt{K_{sp}\left(1 + \frac{[H^+]}{K_{a_2}} + \frac{[H^+]^2}{K_{a_1}K_{a_2}}\right)}$$

になる．

2-7　沈殿試薬としての硫化水素と水酸化物イオン

2-7-1 硫　化　水　素

硫化水素（H_2S）は金属の沈殿試薬として用いられる．

理由：① 多くの金属イオンと反応し，溶解度積が小さい

② pH により［S^{2-}］を調整できる．すなわち pH により分別沈殿（分属）が可能になる．

この方法は，陽イオンの系統分析に利用されている．pH を段階的に変化させて金属イオンを順に沈殿させることにより，分別する（分属）ことができる → 実習書や局方を参照する．

沈殿におけるイオン積と K_{sp} の関係

［金属イオン］と［S^{2-}］のイオン積：

［金属イオン］［S^{2-}］$> K_{sp}$ ……沈殿する

［金属イオン］［S^{2-}］$< K_{sp}$ ……沈殿しない

試料中に M^{2+}（金属イオン）が存在する場合：

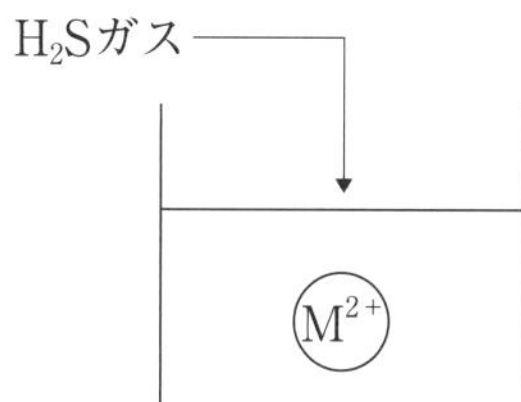

イオン積が K_{sp} より大きくなるように S^{2-}を加える．

↑

H_2S の解離から生じる．

pH と［S^{2-}］との関係式

（第 1 解離）$H_2S \overset{K_{a_1}}{\rightleftharpoons} HS^- + H^+ \quad K_{a_1} = \dfrac{[HS^-][H^+]}{[H_2S]}$ …①

（第 2 解離）$HS^- \overset{K_{a_2}}{\rightleftharpoons} S^{2-} + H^+ \quad K_{a_2} = \dfrac{[S^{2-}][H^+]}{[HS^-]}$ …②

酸性溶液中では，H_2S は，

H^+を放出しにくいため，第 2 段階の解離は進行しない．

$[S^{2-}]$を増やすには塩基性にする（解離の向きは→）

$[S^{2-}]$を減らすには酸性にする（←）

②から，

$$[S^{2-}] = K_{a_2} \times \frac{[HS^-]}{[H^+]} \quad \cdots③$$

$[HS^-]$：? この濃度はまだわかっていない

$[H^+]$：溶液中の水素イオン濃度

①を用いて，$[HS^-] = K_{a_1} \times \frac{[H_2S]}{[H^+]}$ を③に代入する．

$$[S^{2-}] = K_{a_2} \times \frac{K_{a_1} \times \frac{[H_2S]}{[H^+]}}{[H^+]}$$

$$[S^{2-}] = \frac{K_{a_2}}{[H^+]} \times K_{a_1} \times \frac{[H_2S]}{[H^+]} = K_{a_1}K_{a_2} \times \frac{[H_2S]}{[H^+]^2}$$

$$\boxed{[S^{2-}] = K_{a_1}K_{a_2} \times \frac{[H_2S]}{[H^+]^2}}$$

$[H_2S]$ ←溶けている濃度と考える．

通常，H_2S ガスを水に通ずると，1 atm の条件下で，飽和した H_2S は 0.1 mol/L になる．

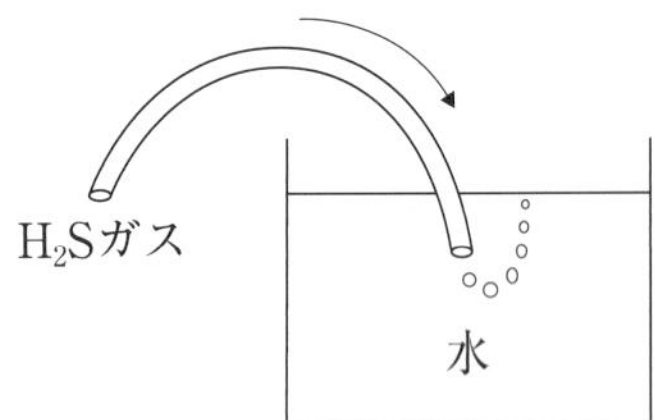

H_2S で飽和した溶液を用いるなら，

$$\boxed{[S^{2-}] = K_{a_1}K_{a_2} \times 0.1 \times \frac{1}{[H^+]^2}}$$

$K_{a_1} = 1 \times 10^{-7}$，$K_{a_2} = 1 \times 10^{-13}$ とすると，

$$[S^{2-}] = 1 \times 10^{-20} \times 10^{-1} \times \frac{1}{[H^+]^2}$$

$$= 1 \times 10^{-21} \times \frac{1}{[H^+]^2}$$

pH から $[H^+]$ を求める

ここで求めた $[S^{2-}]$ を金属イオン濃度に乗じて求めたイオン積が K_{sp} より大きいなら，沈殿することになる．

例　題

Cu^{2+}，Fe^{2+}，Zn^{2+} を各々 0.01 mol/L 含む溶液がある．これに H_2S 溶

液を加えて，Cu^{2+}のみを沈殿させたい．pH をいくつにすればよいか．

▶解説

Cu^{2+}，Zn^{2+}，Fe^{2+}

$K_{sp}(CuS) = 1 \times 10^{-45}$ … 1 番目に沈殿

$K_{sp}(ZnS) = 1 \times 10^{-23}$ … 2 番目に沈殿

$K_{sp}(FeS) = 1 \times 10^{-19}$ … 3 番目に沈殿

Cu^{2+}だけを沈殿させるためには，イオン積を 10^{-23} 以下にすればよい．Zn^{2+}とFe^{2+}が沈殿しないようにするには，$1 \times 10^{-23} \geqq K_{sp} > 1 \times 10^{-45}$ であればよい．

ここで，ほとんどのCu^{2+}を沈殿させるためにはZn^{2+}が飽和する 1×10^{-23} のイオン積を用いて，そのときの［S^{2-}］を算出する．

$0.01[S^{2-}] = 10^{-23}$ ← Cu^{2+}のみ沈殿し，ZnS は飽和している状態にする．

↑

Zn^{2+}の濃度

この式により，Zn^{2+}を飽和する S^{2-}の濃度が求められる．

$[S^{2-}] = 10^{-21}$ mol/L

イオン積 ＝ K_{sp} では飽和の状態
イオン積 ＞ K_{sp} になって沈殿が開始される．

$[S^{2-}] = 10^{-21}$ にするための［H^+］は，

$$[S^{2-}] = 1 \times 10^{-21} \times \frac{1}{[H^+]^2}$$ より，

$$10^{-21} = 1 \times 10^{-21} \times \frac{1}{[H^+]^2}$$

$$[H^+] = 1$$

$$pH = 0$$

pH 0 では，ZnS が沈殿する可能性があるため，実験では少し酸性側にするとよい．

2-7-2 水酸化物イオン

多くの金属イオンはOH^-と反応し水酸化物の沈殿を生じる．

$$金属イオン(M^{2+}) + \underset{}{\overset{(塩基)}{2OH^-}} \rightleftharpoons M(OH)_2\downarrow$$

$[M^{2+}][OH^-]^2 > K_{sp}$ … 沈殿

OH イオンをどのくらい加えたらよいか？
pH はどのくらいにしたらよいか？
⇨ K_{sp} ＝イオン積の式を立てて求める．

例 題

0.1 mol/L $MgCl_2$ 溶液がある．この溶液中の Mg^{2+} を $Mg(OH)_2$ として沈殿させるには pH をどのくらいにしたらよいか？また，Mg^{2+} を 99% 沈殿するときの pH を求めなさい．

▶解説

$$Mg^{2+} + 2OH^- \rightleftharpoons \underset{\sim\sim\sim}{Mg(OH)_2} \qquad K_{sp} = 1 \times 10^{-11}$$

$$[Mg^{2+}][OH^-]^2 \geqq 1 \times 10^{-11}$$

$$0.1[OH^-]^2 = 1 \times 10^{-11}$$

$$[OH^-]^2 = 1 \times 10^{-10}$$

$$\underline{[OH^-] = 1 \times 10^{-5}}$$

$$[H^+] = \frac{1 \times 10^{-14}}{1 \times 10^{-5}} = 1 \times 10^{-9}$$

pH = 9 以上にすると，溶解度積よりイオン積が大きくなり，沈殿が始まる．

99% Mg^{2+} を沈殿させる→1%は沈殿せずに残ることになる．

$$0.1\ \text{mol/L} \times \frac{1}{100} = 0.001\ \text{mol/L}$$ Mg^{2+} を飽和させるようにする．

$$[Mg^{2+}][OH^-]^2 \geqq 1 \times 10^{-11}$$

$$0.001[OH^-]^2 = 1 \times 10^{-11}$$

$$[OH^-]^2 = 1 \times 10^{-8}$$

$$[OH^-] = 1 \times 10^{-4} \rightarrow [H^+] = 1 \times 10^{-10}$$

∴ pH = 10 にする．

2-8 沈殿の溶解

沈殿物の溶解度を上げるには以下の方法がある．

① 加温

② イオン積 < K_{sp} にする

イオン積を小さくする方法として以下の反応がある．

(1) 酸による溶解，(2) アルカリ溶解，(3) 錯イオン溶解，(4) 酸化溶解，(5) 還元溶解

2-9 沈殿の老化

Co^{2+}イオンはpH 3以上になると硫化物を沈殿するが，いったん生じた沈殿はpH 1の酸性にしても溶けない．このように反応が不可逆的になることを沈殿の老化 aging という．この原因は非結晶性に沈殿した硫化物が時間とともに安定な結晶に移り，共有結合性が増して溶解度が減少するためと考えられている．このような現象は硫化物，水酸化物，ハロゲン化銀などにみられる．

COLUMN 4

造影剤

硫酸バリウム（$BaSO_4$，$K_{sp} = 1 \times 10^{-12}$）は造影剤として用いられている．実際には，硫酸バリウムの懸濁液200～300 mLを患者に服用してもらい，X線撮影により胃や十二指腸の内壁を診断（胃透視という）するときに用いる．以下は病院内での医師から薬剤師への質問である．質問を読み，薬剤師として科学的根拠に基づいて医師に回答しなさい．

医師の質問：明日，患者のAさんに胃透視を行う予定でいますが，いつも気になっていることがあります．硫酸バリウムはバリウムイオンとなって患者に害はないのでしょうか．ほとんど溶けない状態なら問題はないのですが…

あなたがもし薬剤師なら，どのように答えるか？

回答のヒント：バリウムイオン濃度を求め濃度が低いことを伝える．

COLUMN 5

砂浜が消える

将来，地球温暖化により，ニューカレドニアの白い砂浜が消えるという．私たちの住む地球には，何かが起きている．その理由を考えてみよう．

・海は巨大な炭素吸収源である．

・人間による二酸化炭素（CO_2）放出量の30～50%を海洋が吸収し，地球温暖化の影響を和らげている．しかし，吸収された二酸化炭素で海水のpHが低下し，海中の生態系を変化させることが考えられる．

海水とCO_2の反応

$$H_2O + CO_2 \rightleftharpoons H_2CO_3 \rightleftharpoons H^+ + HCO_3^-$$

酸性化

ニューカレドニアの白い砂浜は，サンゴ礁の残骸，すなわち貝殻の成分からできている．

貝殻の溶解

$CaCO_3 + 2H^+ \rightleftharpoons Ca^{2+} + H_2CO_3$

（貝が溶ける）

pHが下がれば，$[H^+]$が大きくなるので貝殻が溶けやすくなり，いつしか白い砂浜は消えてなくなることになる．

貝殻の溶解度（mol/L）

$$S = \sqrt{K_{sp}\left(1 + \frac{[H^+]}{K_{a_2}} + \frac{[H^+]^2}{K_{a_1}K_{a_2}}\right)}$$

まとめ　沈殿

1. K_{sp} = 飽和しているイオン濃度の積

$A_nB_m \rightleftharpoons nA^{m+} + mB^{n-}$

$K_{sp} = [A^{m+}]^n\,[B^{n-}]^m$

ex）$BaSO_4 \rightleftharpoons Ba^{2+} + SO_4^{2-}$

$K_{sp} = [Ba^{2+}][SO_4^{2-}]$

ex）$Ag_2CrO_4 \rightleftharpoons 2Ag^+ + CrO_4^{2-}$

$K_{sp} = [Ag^+]^2[CrO_4^{2-}]$

2. 溶解度とK_{sp}の関係式

$S = \sqrt[n+m]{K_{sp}/n^n m^m}$

3. イオン積とK_{sp}の関係

イオン積 = K_{sp} ⟶ 飽和している

イオン積 < K_{sp} ⟶ 未飽和

イオン積 > K_{sp} ⟶ 沈殿している

4. 溶解度に影響する因子

① 温度

② 溶媒（誘電率）…誘電率大きいほど→溶解度が増加

③ 共通イオン …沈殿が増加

④ 他の共存イオン …イオン強度が増大→溶解度が増加

⑤ pH（弱酸性の難溶性の塩の場合）

$S = \sqrt{K_{sp}\ (1 + 10^{pK_a - pH})}$

$pK_a > pH$ →溶解度は増大する

$pK_a = pH \rightarrow S = \sqrt{2K_{sp}}$

$pK_a < pH \rightarrow S = \sqrt{K_{sp}}$ に近づく

5. 飽和 H_2S 水溶液（0.1 mol/L）を用いた分別沈殿（分属）において，ある pH 条件での S^{2-} 濃度を求める式

$$[S^{2-}] = K_{a_1}K_{a_2} \times \frac{0.1}{[H^+]^2}$$

演習問題

1）溶解度と溶解度積

問題 1　難溶性電解質 A_nB_m の溶解度が S mol/L，溶解度積が K_{sp} とするとき，その溶解度積 K_{sp} と溶解度 S との関係式を導きなさい．

$$A_nB_m \rightleftharpoons nA^{m+} + mB^{n-}$$

問題 2　AgBr は 1 L に 0.00011 g となる．AgBr（分子量 188）の溶解度積を求めなさい．　（正解：$K_{sp} = 3.42 \times 10^{-13}$）

問題 3　クロム酸銀（Ag_2CrO_4）は水 1 L に 0.022 g 溶ける．クロム酸銀（分子量 331.8）の溶解度積を求めなさい．（正解：$K_{sp} = 1.15 \times 10^{-12}$）

問題 4　Ag_2S の飽和溶液中の Ag^+ の濃度は 1.26×10^{-17} mol/L である．Ag_2S の溶解度積を求めなさい．　（正解：$K_{sp} = 1 \times 10^{-51}$）

2）分別沈殿

問題 5　1 L 中に Ba^{2+} と Ca^{2+} の各 0.02 mol/L を含む溶液から Ba^{2+} のみを沈殿するのに要する ${SO_4}^{2-}$ の濃度範囲を求めなさい．また，$CaSO_4$ が共に沈殿し始める点において，Ba^{2+} の濃度がいかに減少しているかを求めなさい．$K_{sp}(BaSO_4) = 1 \times 10^{-10}$，$K_{sp}(CaSO_4) = 6 \times 10^{-5}$

（正解：$5 \times 10^{-9} \sim 3 \times 10^{-3}$，$0.02 \rightarrow 3 \times 10^{-8}$）

3）溶解度に影響する因子

問題 6　溶解度に影響する因子について簡単に述べなさい．

4）pH と溶解度

問題 7　弱酸の難溶性電解質は pH により影響される．酢酸銀（CH_3COOAg）を例にとり，以下の式を導きなさい．

$$S = \sqrt{K_{sp}(1 + [H^+]/K_a)}$$

問題 8　CH_3COOAgが一部溶解している溶液がある．溶液の pH を測定したところ 5 であった．このときCH_3COOAgの溶解度はいくらか．ただし，$K_{sp} = 2 \times 10^{-3}$，$K_a = 1 \times 10^{-5}$とする．

（正解：6.3×10^{-2} mol/L）

問題 9　硫化物の溶解度と pH との関係では次の式が誘導される．

$MS \rightleftharpoons M^{2+} + S^{2-}$を例にとり，次の式を誘導しなさい．

$$S = \sqrt{K_{sp}\left(1 + \frac{[H^+]}{K_{a_2}} + \frac{[H^+]^2}{K_{a_1}K_{a_2}}\right)}$$

問題 10　PbS（$K_{sp} = 1 \times 10^{-29}$），FeS（$K_{sp} = 3.7 \times 10^{-19}$），CuS（$K_{sp} = 8.5 \times 10^{-45}$）を含む溶液がある．この溶液が pH 2 のときの溶解度をそれぞれ求めなさい．ただし，H_2Sの$K_{a_1} = 1 \times 10^{-7}$，$K_{a_2} = 1 \times 10^{-13}$とする．

（正解：PbS = 3.1×10^{-7}，FeS = 6.1×10^{-2}，CuS = 9.2×10^{-15}）

課題

齲蝕（うしょく）（虫歯）は宿主のエナメル質，糖，齲蝕菌，時間の四大要素により発生する．特に口腔に生息するミュータンス連鎖球菌（主に*Streptococcus mutans*と*Streptococus sobrinus*）によるショ糖からの多糖（グルカン）合成と酸産生が主な原因と考えられている．

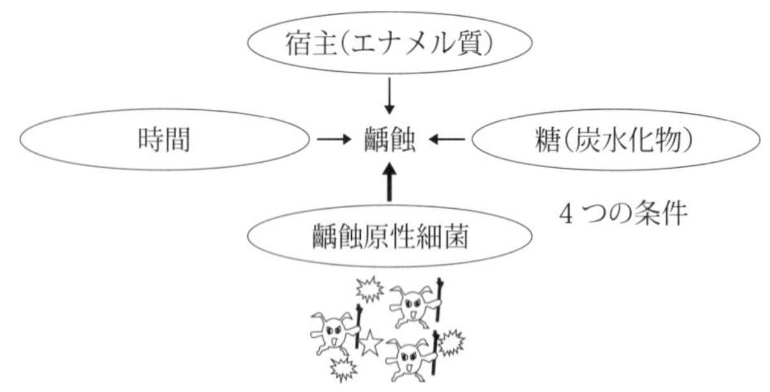

問 1　主な歯の種類を調べなさい．

問 2　菌が増殖するとなぜ酸が増えるのかを調べなさい．

問 3　酸性下，歯が溶ける現象を化学反応式で説明しなさい．

問 4　虫歯予防に最適な方法について提案しなさい．

酸化還元平衡

3章

3-1 酸化還元反応の基礎

医薬品の多くは酸化剤や還元剤に分類される．たとえば，抗がん剤，抗菌剤，胃腸薬，抗虚血薬，抗酸化剤などである．このような薬物が，生体や他の薬物とどのように反応するかを理解するには，酸化還元平衡の基礎を十分理解している必要がある．ここでは，酸化還元反応の定義から反応定数の求め方までを学ぶ．

酸塩基平衡は H^+ のやりとりによる反応である．

H^+ を放出する物質 ⟶ 酸

H^+ を受け取る物質 ⟶ 塩基

これに対し，酸化還元平衡は電子のやりとりによる反応である．

電子を与える物質 ⟶ 還元剤

電子を受容する物質 ⟶ 酸化剤

ex）

$$\underset{\text{還元剤}}{Fe^{2+}} + \underset{\text{酸化剤}}{Ce^{4+}} \rightleftharpoons \underset{\text{還元剤}}{Ce^{3+}} + \underset{\text{酸化剤}}{Fe^{3+}}$$

（Fe^{2+} → Ce^{4+} へ e^-，Ce^{3+} → Fe^{3+} へ e^-）

半反応式

$$Ce^{4+} + e^- \rightleftharpoons Ce^{3+}$$
$$)\ Fe^{2+} - e^- \rightleftharpoons Fe^{3+}$$
$$Ce^{4+} + Fe^{2+} \rightleftharpoons Ce^{3+} + Fe^{3+}$$
$$Ox_1 + Red_2 \rightleftharpoons Red_1 + Ox_2$$

Ox : Oxidation 酸化剤
Red : Reduction 還元剤

反応式からわかるように，Fe^{2+} は Ce^{4+} に対し電子を与えるので，還元剤である．逆に Ce^{4+} は電子を受け取るので酸化剤である．生成物の Ce^{3+} は Fe^{3+} に電子を与えるので還元剤，逆に Fe^{3+} は酸化剤となる．このように酸化還元反応では，酸化剤と還元剤の両方存在し，反応が成立する．ここでの酸化剤と還元剤は，相対的な酸化力あるいは還元力により決まる．したがって，物質によっては，あるときは酸化剤であり，またあるときは還元剤となることがある．その代表的な例が H_2O_2（過酸化水素）である．一般には酸化剤（抗菌剤）であるが，$KMnO_4$ との反応では，還元剤として働く．

☆酸化反応：酸化（される）反応 → 電子を与える反応

〈対象となる物質は還元剤〉

☆還元反応：還元（される）反応 → 電子を受け取る反応

〈対象となる物質は酸化剤〉

定義は，文法の受身として表現する．

この定義で，先の反応式を説明すると，Fe^{2+} から Fe^{3+} への反応は酸化反応を，Ce^{4+} から Ce^{3+} への反応は還元反応をしていることになる．

酸化剤：電子を受け取る物質
還元剤：電子を与える物質

それではどのように反応中の物質を酸化剤，還元剤と判別するか．

酸化還元反応中の酸化剤，還元剤の判定 → 酸化数で判定．

3-1-1 酸化数の決め方

1. 単体の原子は 0

   H_2，I_2，Cu，Na，S，O_2（Cu，Na，S：原子）

2. 化合物中の酸素は −2　　例外…−1

   H_2O，SO_2，HNO_3，…　　BaO_2，H_2O_2

   例外は特に重要！

3. 水素原子は +1　　例外　LiH…−1

4. 単原子イオンはその電荷

   Al^{3+} → +3　　Na^+ → +1

   Cl^- → −1　　Ca^{2+} → +2

5. 化合物ではその中に含まれる各原子の酸化数の総和は 0（ゼロ）

   NaCl：$(+1)+(-1)=0$

   Na_2S：$(+1)\times 2+(-2)=0$

6. 原子団イオンの電荷は酸化数の総和に等しい．

   SO_4^{2-}：$(+6)+(-2)\times 4=-2$

   NO_3^-：$(+5)+(-2)\times 3=-1$

7. 共有結合物では，電気陰性度の大きいほうに共有電子対がふり分けられる．

   H_2O_2　H:Ö:Ö:H（H：+1，O：−1，O：−1，H：+1）

水素原子の電子△は酸素原子にふり分けられ，酸素は −1 になる．

$Na_2S_2O_3$　2つのSはそれぞれ−1と+5,
Oは−2

$$\begin{array}{c} \quad\quad\quad O \\ \quad\quad\quad \| \\ Na-\ddot{S}-S-O-Na \\ \quad\quad\quad \| \\ \quad\quad\quad O \end{array}$$

(Na +1, S −1, S +5, Na +1)

8.　反応式中の酸化数

$$Fe^{2+} + Ce^{4+} \rightleftharpoons Ce^{3+} + Fe^{3+}$$

（e^- が Fe^{2+} から Ce^{4+} へ，e^- が Ce^{3+} から Fe^{3+} へ）

Fe^{2+}は酸化数　2→3

酸化数増大 → 酸化される反応（そのものは還元剤）

Ce^{4+}は酸化数　4→3

酸化数減少 → 還元される反応（そのものは酸化剤）

$$\underset{+1}{K}\underset{+7}{Mn}\underset{-8}{O_4} + 8H^+ + 5e^- \longrightarrow \underset{+2}{Mn^{2+}} + 4H_2O$$

電子を受け取る

Mn：還元される＝酸化剤（酸化数＋7→＋2に減少）

3-2　酸化還元反応と酸化還元電位

3-2-1 酸化剤，還元剤の強さ

イオン化傾向　…金属を水につけたときの，電子の放出と，H_2ガスの生成のしやすさ.

イオン化傾向の大きさ → 金属イオンになる性質 → 還元力を示す

Li > K > Ca > Na > Mg > Al > Zn > Fe > Ni > Sn > Pb > (H_2) > Cu > Hg > Ag > Pt > Au

イオン化傾向の大きいZnと小さいCuを反応させたとき,

$$Zn + Cu^{2+} \rightleftharpoons Zn^{2+} + Cu$$

（$2e^-$ が Zn から Cu^{2+} へ）

還元力　Zn>Cu

酸化力　$Cu^{2+}>Zn^{2+}$

酸化力・還元力は電気量で数値化することでわかる.

→ 強さをはかるために電池をつくる！

つまり，酸化力と還元力の強さは，電池をつくり，電気の強さを測ることで判定する.

3-2-2 ダニエル電池

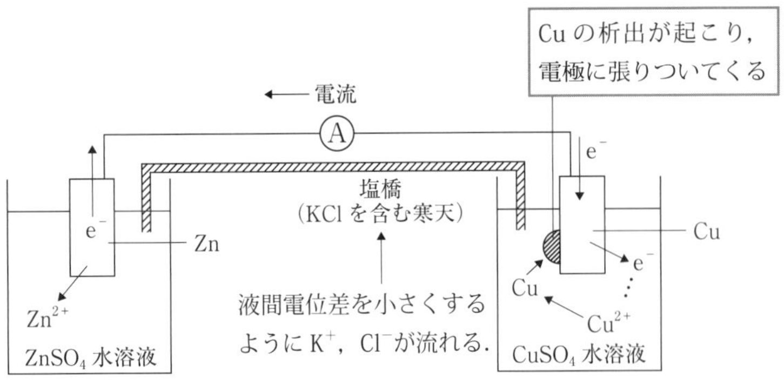

電流の強さをはかることで
酸化力，還元力がわかる

片方の電極だけを半電池という．← 2つそろって電池という

半電池同士の電位の差 ⇨ **起電力**という．

3-2-3 標準水素電極

標準水素電極は，化合物の電位（絶対値）を決めることができる．この電極の電位をゼロとする．この電極と他の半電池を組み合わせ，電位を測定する．水素が白金の周りに結合することにより，水素電極になる．測定したい半電池と水素電極を組み合わせて電位を測定する．

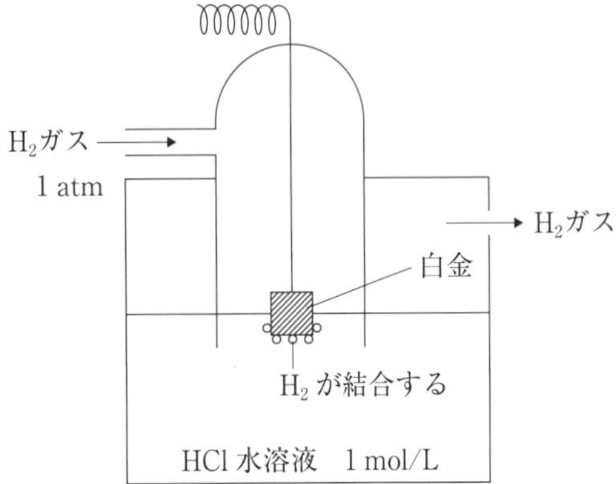

水素電極は調製がむずかしい→ H_2 ガスを用いるので爆発の恐れあり！

そこで，以下の参照電極を**標準水素電極の代わりに用いる．**

参照電極は，標準水素電極と同様，一定の電位を示す電極をいう．

① 標準甘こう電極（飽和カロメル電極）

② 銀-塩化銀電極（局方で採用）

3-3 ネルンストの式

ネルンストの式は，酸化還元電位（電極電位）を反応式中の化学種濃度で表した式で，電位や平衡定数を求めることができる．

酸化還元反応を　$aA + bB + ne^- \rightleftharpoons pP + qQ$　で表すとき，ギブズエネルギーで平衡定数を示すと（1-3 節参照），

$$\Delta G = \Delta G^\circ + RT\ln K$$

となる．ただし　$K = \dfrac{[P]^p[Q]^q}{[A]^a[B]^b[e^-]^n}$　とする．

ここで ΔG と電位との関係式をファラデー定数 F，電位 E，電子数 n で表すと，

$$\Delta G = -nFE$$

となる．これを代入すると，ネルンストの式は下記のようになる．ただし，電子 e^- は 1 とし，$\Delta G^\circ = -nFE^\circ$ とする．

$$E = E^\circ - \frac{RT}{nF}\ln\frac{[P]^p[Q]^q}{[A]^a[B]^b} \qquad \text{ネルンストの式}$$

ここで，R:気体定数（8.31 $JK^{-1}\,mol^{-1}$），F:ファラデー定数（96485 C），T:絶対温度，n：反応に関与した電子数である．

さらに，温度 25℃，常用対数（log）でネルンストの式を表すと次の式になる．ln（自然対数）→ log（常用対数）への変換には 2.303 倍する．

$$\frac{R\times(273+25)}{F}\times 2.303 = 0.059 \quad \text{（25℃のとき）より，}$$

$$E = E^\circ - \frac{0.059}{n}\log\frac{[P]^p[Q]^q}{[A]^a[B]^b} \quad \text{または} \quad E = E^\circ + \frac{0.059}{n}\log\frac{[A]^a[B]^b}{[P]^p[Q]^q}$$

酸化還元平衡を次のように表したとき，

$$Ox^{n+}\text{（酸化型）} + ne^- \rightleftharpoons \text{Red（還元型）}$$

ネルンストの式は，

$$E = E^\circ + \frac{RT}{nF}\ln\frac{[Ox]}{[Red]}$$

E°：標準酸化還元電位 ← 物質固有の値

物質 1 mol/L に対する電位

（標準水素電極を用いて電池を作製し，測定）

↑ 表（付録）からみる

$$E = E^\circ + \frac{0.059}{n} \log \frac{[\mathrm{Ox}]}{[\mathrm{Red}]}$$ ネルンストの式

1. 電位をネルンストの式により求める

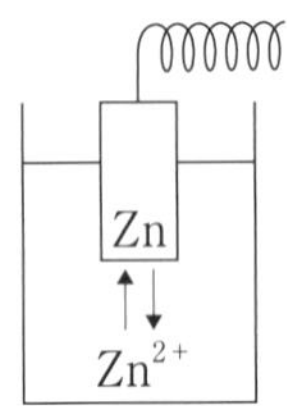

Zn の半電池は以下のように反応する．

$$Zn^{2+} + 2e^- \rightleftharpoons Zn$$

電位をネルンストの式で表すと，

$$E = E^\circ + \frac{0.059}{2} \log \frac{[Zn^{2+}]}{[Zn]}$$

金属は固体である．
変化は少なく，
一定と考える⇨ 1 とする

Zn^{2+} の溶液によって電位が変化することになる．

$$E = E^\circ + \frac{0.059}{2} \log [Zn^{2+}]$$

2. Fe^{2+} と Fe^{3+} 反応の酸化還元電位

$$Fe^{3+} + e^- \rightleftharpoons Fe^{2+}$$

この場合，電極は白金を用いる．

電子のやりとりだけに専念する電極を不活性電極という．

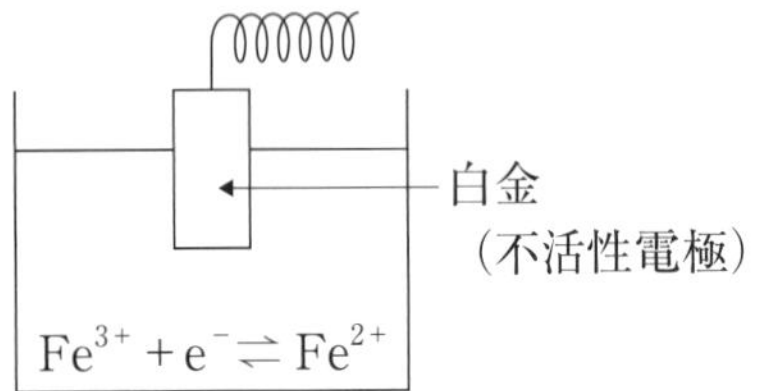

(1)活性電極
電極自身が反応に関与する
電極（Zn，Cu）
(2)不活性電極（白金電極）
電極は反応に関与しない
電子のやりとりだけを検出
（白金）

ネルンストの式は，

$$E = E^\circ + \frac{0.059}{1} \log \frac{[Fe^{3+}]}{[Fe^{2+}]}$$ となる．

ネルンストの式からわかること

酸化力が強いほど ⇨ E ↑

酸化剤の濃度が還元剤の濃度より大きいほど ⇨ E ↑

例 題

$Fe^{3+} + e^- \rightleftharpoons Fe^{2+}$

$E^\circ = 0.77$ V，$Fe^{3+} = 0.1$ mol/L，$Fe^{2+} = 0.01$ mol/L であるときの電位を求めよ．

▶解説と正解

$$E = 0.77 + \frac{0.059}{1}\log\frac{0.1}{0.01}$$

$$= 0.829 \text{ V}$$

cf）Fe^{3+} と Fe^{2+} が 0.1 mol/L の場合

$$E = 0.77 + 0.059\log\frac{0.1}{0.1}$$

$$= 0.77 \text{ V}$$

3-4 電位差

電位差とは，2 つの半電池の電位の差で，起電力を示す．

電池を式で表すには，左側を陰極，右側を陽極とし，電極をそれぞれ外側に記入する．2 つの半電池は縦の二本線で仕切って表す．二本線は塩橋と考えることができる．

3-4-1 電　池　式

電極$_1$ | 溶液組成$_1$（濃度）‖ 溶液組成$_2$（濃度）| 電極$_2$

陰極側　　　　　　陽極側

電池の起電力は以下のように求める．

（1）Zn | Zn^{2+} (0.1 mol/L) ‖ Cu^{2+} (0.1 mol/L) | Cu　の場合

$$E_{Zn} = E^\circ + \frac{0.059}{2}\log[Zn^{2+}] = -0.79 \qquad (E^\circ = -0.76)$$

$$E_{Cu} = E^\circ + \frac{0.059}{2}\log[Cu^{2+}] = +0.307 \qquad (E^\circ = 0.337)$$

$$E = E_{Cu} - E_{Zn} = 0.307 - (-0.79) = 1.10 \text{ V}$$

（2）Zn | Zn^{2+} (0.1 mol/L) ‖ Fe^{3+} (1 mol/L)，Fe^{2+} (1 mol/L) | Pt の場合

$$E = E_{Fe} - E_{Zn} = 1.56\ \mathrm{V} \quad (\mathrm{Fe}\ の\ E^\circ = 0.771)$$

例題

次の酸化還元平衡反応における以下の記述について，正しい組合せはどれか．

$$Fe^{2+} + Ce^{4+} \rightleftharpoons Fe^{3+} + Ce^{3+}$$

a 半反応 $Fe^{3+} + e^- \rightleftharpoons Fe^{2+}$のネルンストの式は，

$E = E^\circ + 0.059 \log \dfrac{[Fe^{3+}]}{[Fe^{2+}]}$ …①で表すことができる．

b ネルンストの式①中の 0.059 という数値には，反応温度 30℃を絶対温度で表した項が含まれている．

c 標準酸化還元電位（E°）は，酸化体と還元体の濃度が等しいときの電位（E）である．

d Fe および Ce の標準酸化還元電位（E°）はそれぞれ 0.8 V および 1.60 V である．したがって，酸化力は Ce のほうが強い．

e 物質が酸化されると，その物質の酸化数は減少する．

	a	b	c	d	e
1	正	正	正	誤	正
2	正	誤	正	誤	正
3	誤	正	誤	正	誤
4	誤	誤	誤	正	誤
5	誤	正	誤	誤	正
6	正	誤	正	正	誤

■正解 6

▶解説

a $E = E^\circ + \dfrac{0.059}{n} \log \dfrac{[酸化体]}{[還元体]}$

b $E = E^\circ + \dfrac{0.059}{n} \log \dfrac{[酸化体]}{[還元体]}$を自然対数で表した式で示すと $E = E^\circ + \dfrac{RT}{nF} \ln \dfrac{[酸化体]}{[還元体]}$ である．ln から log への変換係数 2.303，F：ファラデー定数 = 9.6×10^4，R：気体定数 = 8.31，$T = 298$ を代入すると 0.059 の係数が得られる．このとき $T = 298$ は 25℃での絶対温度である．30℃ではない．

e 酸化数は増大する．

3-5 酸化還元平衡に影響する因子

1. 温度

$$E = E^\circ + \frac{RT}{nF}\ln\frac{[\mathrm{Ox}]}{[\mathrm{Red}]}$$ →Eは温度により変化する．

しかし，$E = E^\circ + \dfrac{0.059}{n}\log\dfrac{[\mathrm{Ox}]}{[\mathrm{Red}]}$ →この式は25℃と限定している．

2. 水素イオン濃度（pH）

酸化還元平衡の系にH^+が関与するとき，EはpHによって変化する．

$$\mathrm{Ox} + n\mathrm{H}^+ + ne^- \rightleftharpoons \mathrm{Red}$$

$$E = E^\circ + \frac{0.059}{n}\log\frac{[\mathrm{Ox}][\mathrm{H}^+]^n}{[\mathrm{Red}]}$$

ex）$MnO_4^- + 5e^- + ⑧H^+ \rightleftharpoons Mn^{2+} + 4H_2O$

$E^\circ = 1.52$ V

$$E = 1.52 + \frac{0.059}{5}\log\frac{[\mathrm{MnO_4}^-][\mathrm{H}^+]^8}{[\mathrm{Mn}^{2+}][\mathrm{H_2O}]^4}$$

無視

→水の濃度は大きい → 一定とする → 1とする

この式からわかること

$[H^+]$↑ ⇨ E↑（酸化力は大きくなる）

さらに式を整理する．

$$E = E^\circ + \frac{0.059}{5}\log[\mathrm{H}^+]^8 + \frac{0.059}{5}\log\frac{[\mathrm{MnO_4}^-]}{[\mathrm{Mn}^{2+}]}$$

↓

$$E = E^\circ - \frac{0.059}{5}\times 8\times \mathrm{pH} + \frac{0.059}{5}\log\frac{[\mathrm{MnO_4}^-]}{[\mathrm{Mn}^{2+}]}$$

$E^{\circ\prime}$＝条件付標準酸化還元電位

$E^{\circ\prime}$はpHの実験条件が同じなら，一定の値とみなすことができる．

$\therefore E = E^{\circ\prime} + \dfrac{0.059}{5}\log\dfrac{[\mathrm{MnO_4}^-]}{[\mathrm{Mn}^{2+}]}$ で表すことができる．

例 題

過マンガン酸反応におけるpH 1とpH 2での電位を$E^{\circ\prime}$で示しなさい．

▶**解説と正解**

pH 1 のとき，$E^{\circ\prime} = 1.52 - \dfrac{0.059}{5} \times 8 \times 1 = 1.42$ V

pH 2 のとき，$E^{\circ\prime} = 1.33$ V

pH が上昇すると，酸化力は減少する．

過マンガン酸滴定では硫酸や塩酸を用いて pH を低くすることで，酸化力を高めている．

3. 他の反応との競合

沈殿反応と錯化剤（錯体生成剤）との反応がある．ここでは，沈殿反応と電位との関係について述べる．

沈殿反応

カドミウムの酸化還元系に塩基を加えると沈殿が生じ，電位は減少する．

この理由を考えると，以下のようになる．

$$Cd^{2+} + 2e^- \rightleftharpoons Cd \quad \text{（酸化還元平衡）}$$

$$E = E^\circ + \frac{0.059}{2}\log\frac{[Cd^{2+}]}{\underset{\underset{1}{\parallel}}{[Cd]}}$$ 金属は濃度の変化がないので 1 とする．

$$= E^\circ + \frac{0.059}{2}\log[Cd^{2+}]$$

以上の酸化還元平衡に OH^-（塩基）が加わると，Cd^{2+} の沈殿が生じる．

$$Cd^{2+} + 2OH^- \rightleftharpoons Cd(OH)_2\downarrow$$

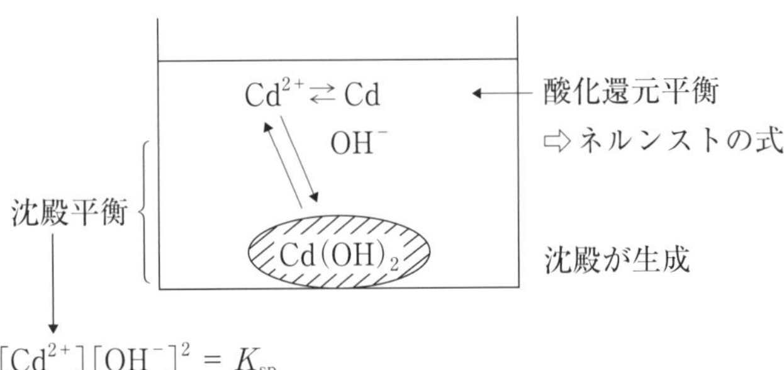

$[Cd^{2+}][OH^-]^2 = K_{sp}$

酸化還元平衡と沈殿平衡の 2 つの平衡が共存する

このときの電位は，

$E = E^\circ + \dfrac{0.059}{2}\log[Cd^{2+}]$ から求める．これに，

$[Cd^{2+}][OH^-]^2 = K_{sp}$ から，

$[Cd^{2+}] = \dfrac{K_{sp}}{[OH^-]^2}$ として代入する．

$$E = E^\circ + \frac{0.059}{2}\log\frac{K_{sp}}{[OH^-]^2}$$

$$= \boxed{E^\circ} - \frac{0.059}{2}\log[OH^-]^2 + \boxed{\frac{0.059}{2}\log K_{sp}}$$

定数である（変化なし）

ここで $E^{\circ\prime} = E^\circ + \dfrac{0.059}{2}\log K_{sp}$ とおく（変化のないところを1つにまとめる）．

⇨ 条件付標準酸化還元電位（$E^{\circ\prime}$）を代入する．

$$E = E^{\circ\prime} - 0.059\log[OH^-]$$

この式から以下のことがわかる．

$[OH^-]$ 濃度↑ ⇨ 塩基性になる ⇨ E↓（電位は下がる）

↑ 沈殿生成

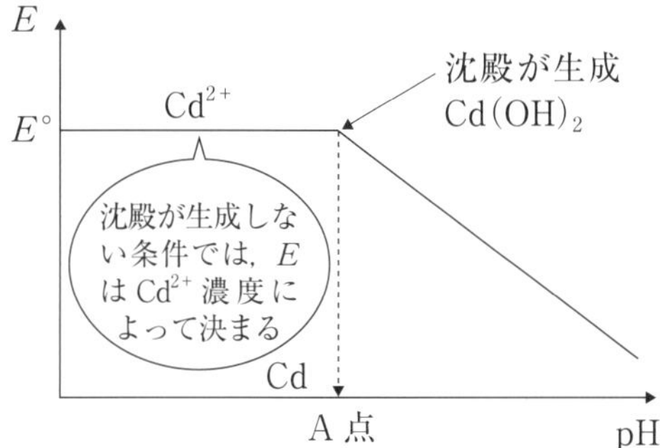

沈殿が生成しない条件での電位は，

$$E = E^\circ + \frac{0.059}{2}\log[Cd^{2+}]$$

ここでは $[Cd^{2+}] = 1$ mol/L であるから，$E = E^\circ$ となる．

また，$[Cd^{2+}] = 1$ mol/L のとき，沈殿を開始する pH（A 点）は？

$$[Cd^{2+}][OH^-]^2 = K_{sp}$$

$$[OH^-]^2 = \frac{K_{sp}}{[Cd^{2+}]}$$

$[Cd^{2+}] = 1$ mol/L を代入

$$[OH^-]^2 = K_{sp}$$

$$[OH^-] = \sqrt{K_{sp}}$$

$$\frac{K_w}{[H^+]} = \sqrt{K_{sp}}$$

$$\therefore \ [H^+] = \frac{K_w}{\sqrt{K_{sp}}}$$ から求めることができる.

3-6　参照電極

沈殿反応を利用して一定の電位を示す電極を参照電極という.

3-6-1　銀–塩化銀電極

銀線の先端に塩化銀 AgCl を練状にして結合させ，飽和 KCl 水溶液に浸した電極を銀–塩化銀電極という.

$$Ag^+ + e^- \rightleftharpoons Ag \text{（金属）}$$

$$E = E^\circ + \frac{0.059}{1}\log[Ag^+]$$

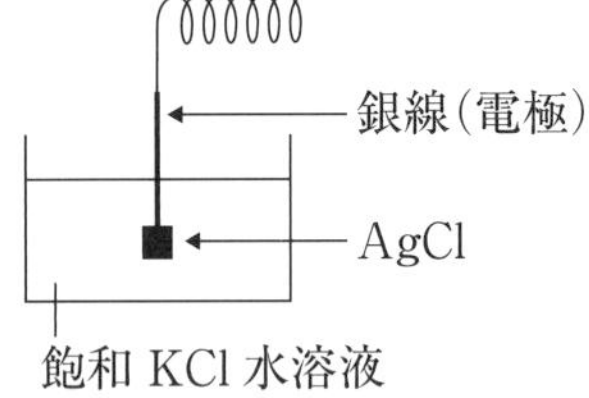

これに Cl^- を加えると，$Ag^+ + Cl^- \rightleftharpoons AgCl\downarrow$

$$K_{sp} = [Ag^+][Cl^-]$$

$$[Ag^+] = \frac{K_{sp}}{[Cl^-]}$$

Ag
Cl^-　Ag^+
AgCl
酸化還元平衡
沈殿平衡

$$E = E^\circ + 0.059\log\frac{K_{sp}}{[Cl^-]}$$

$$= E^\circ + 0.059\log K_{sp} - 0.059\log[Cl^-]$$

$[Cl^-]\uparrow$　⇨　$E\downarrow$　になる.

しかし，$[Cl^-]$ を飽和にしておくと $[Cl^-]$ は一定になる.

$$E = \underbrace{E^\circ + 0.059\log K_{sp}}_{一定 = E^{\circ\prime}} - 0.059\log[Cl^-]$$

$$= E^{\circ\prime} - \underbrace{0.059\log[Cl^-]}$$

飽和すると沈殿平衡が成立するから，$[Cl^-]$ は一定になる.

これにより，電位は常に一定になる.

↓

銀–塩化銀電極（参照電極になる）　⇨　局方で採用されている.

課題

銀-塩化銀電極に関する記述の空欄を埋めなさい.

銀-塩化銀電極は，表面を塩化銀で覆った銀電極を〔　　　〕溶液に浸し，電極上で酸化還元反応と沈殿反応が同時に起こる電極である．つまり，酸化還元反応では $Ag^+ + e^- \rightleftharpoons Ag$ が進み，そのネルンストの式は

E =〔　　　　　　　　　　　　　　〕である.

一方，沈殿反応では，$Ag^+ + Cl^- \rightleftharpoons AgCl\downarrow$ が起こり，溶解度積は

〔　　　　〕で表される.

したがって，溶解度積を組み合わせた酸化還元電位 E は次のように導くことができる.

E =〔　　　　　　　　　　　　　　　　　　〕

ここで，$E^{\circ\prime}$ =〔　　　　　　　　　　　　　〕とし定数とすると，

$E = E^{\circ\prime} - 0.059\log$〔　　　〕となる.

この式は Cl^- 濃度が上昇すると電位 E は減少する．しかし，Cl^- が飽和していれば電位は〔　　　〕になる.

この電極は参照電極として用いられている.

3-6-2 飽和カロメル電極

飽和カロメル電極（標準甘こう電極）とは，電位が一定になる電極で，白金の先端に塩化第一水銀と水銀を泥状にして付着させ，飽和した塩化カリウム水溶液に浸した電極をいう.

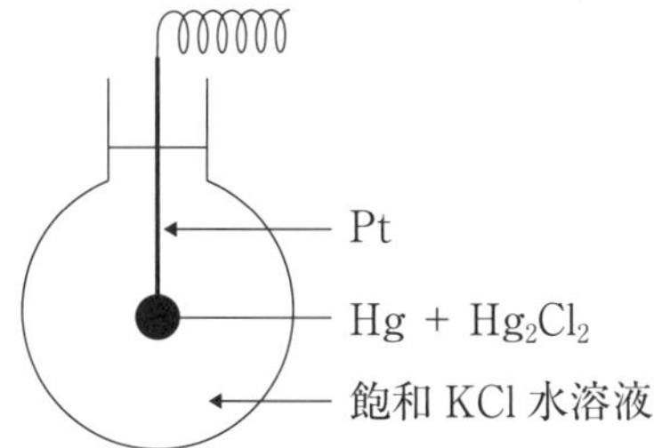

$$Hg_2^{2+} + 2e^- \rightleftharpoons 2Hg \quad (\text{酸化還元反応})$$

$$E = E^\circ + \frac{0.059}{2}\log[Hg_2^{2+}]$$

$$Hg_2^{2+} + 2Cl^- \rightleftharpoons Hg_2Cl_2\downarrow \quad (\text{沈殿反応})$$

$$K_{sp} = [Hg_2^{2+}][Cl^-]^2$$

で表される.

$[Hg_2^{2+}] = \dfrac{K_{sp}}{[Cl^-]^2}$を代入すると,

$$E = E° + \frac{0.059}{2}\log\frac{K_{sp}}{[Cl^-]^2}$$

$$= \underbrace{E° + \frac{0.059}{2}\log K_{sp}}_{\text{定数なので一定}= E°'} - \underbrace{0.059\log\,[Cl^-]}_{\text{飽和すると一定になる}}$$

$E = E°' - 0.059\log\,[Cl^-]$ になる.

$[Cl^-]$ を飽和すると E は一定になる. ⇨ 参照電極

↓

飽和カロメル電極 ⇨ 通常の電極の参照電極として使用されている.

3-7 濃淡電池

電解液の濃度差によって働く電池を濃淡電池という.

電池の構成は次のように書く.

(−) Ag | 0.1 mol/L $AgNO_3$ aq ‖ 1.0 mol/L $AgNO_3$ aq | Ag (+)

一方が陽極 (+) になる原理は, 電解液が濃いと, イオンが電極板にぶつかる回数が多くなり, 電極から電子を奪って単体になる確率が高くなることにある. そのため, 濃いほうが陽極になる.

生体内での膜電位は, この原理による. 一般に細胞内はマイナス, 細胞外はプラスに帯電している (**図 3-1**).

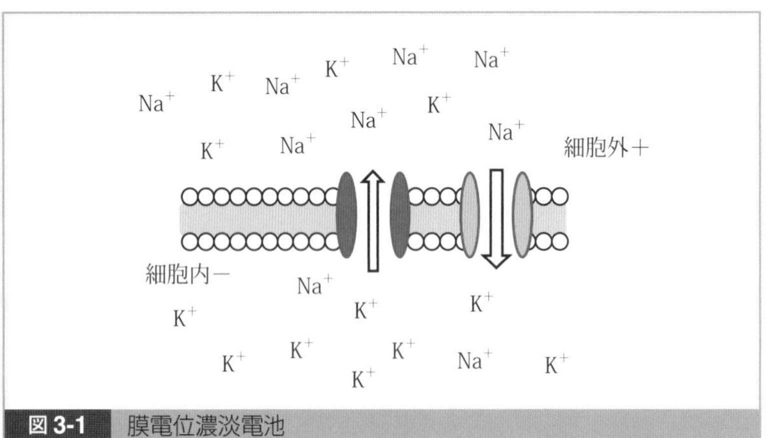

図 3-1 膜電位濃淡電池

細胞は, 内側には K^+が多く, 外側には Na^+が多く存在している. 細胞内はマイナス, 外はプラスとなっている. 細胞内の電位はおよそ −70 mV である.

細胞に刺激が起きると，細胞内にNa^+が流入し，K^+が細胞外に流出する．

その結果，細胞内の電位が上昇し，活動電位が発生することになる．

3-8 平衡定数

酸化還元平衡定数をネルンストの式から求める．

ex) $a\,Ox_1 + b\,Red_2 \rightleftharpoons a\,Red_1 + b\,Ox_2$

$$\underset{\text{平衡定数}}{K} = \frac{[Red_1]^a[Ox_2]^b}{[Ox_1]^a[Red_2]^b}$$

鉄とセリウムの反応を例にとると，

$$Fe^{2+} + Ce^{4+} \rightleftharpoons Ce^{3+} + Fe^{3+} \quad \cdots①$$

(1) 質量作用の法則の式を立てる．

$$K = \frac{[Ce^{3+}][Fe^{3+}]}{[Fe^{2+}][Ce^{4+}]}$$

この式に整えていくことが大事

(2) 鉄とセリウムの反応について，各々ネルンストの式を立てる．

$$Fe^{3+} + e^- \rightleftharpoons Fe^{2+} \qquad E_{Fe} = E^\circ + \frac{0.059}{1}\log\frac{[Fe^{3+}]}{[Fe^{2+}]}$$

$$Ce^{4+} + e^- \rightleftharpoons Ce^{3+} \qquad E_{Ce} = E^\circ + \frac{0.059}{1}\log\frac{[Ce^{4+}]}{[Ce^{3+}]}$$

平衡になると，それぞれの電位が等しいので$E_{Fe} = E_{Ce}$となる．

(3) 式を整理する．

$$E^\circ{}_{Fe} + 0.059\log\frac{[Fe^{3+}]}{[Fe^{2+}]} = E^\circ{}_{Ce} + 0.059\log\frac{[Ce^{4+}]}{[Ce^{3+}]}$$

$$0.059\log\frac{[Fe^{3+}]}{[Fe^{2+}]} - 0.059\log\frac{[Ce^{4+}]}{[Ce^{3+}]} = E^\circ{}_{Ce} - E^\circ{}_{Fe}$$

$$0.059\log\frac{[Fe^{3+}][Ce^{3+}]}{[Fe^{2+}][Ce^{4+}]} = E^\circ{}_{Ce} - E^\circ{}_{Fe} \qquad \begin{cases} E^\circ{}_{Ce} = 1.6 \\ E^\circ{}_{Fe} = 0.771 \end{cases}$$

（付録の表より）

$$0.059\log\underbrace{\frac{[Fe^{3+}][Ce^{3+}]}{[Fe^{2+}][Ce^{4+}]}}_{K} = 0.829$$

$$0.059\log K = 0.829$$

$$\log K = \frac{0.829}{0.059} = 14$$

$K = 10^{14}$　　この値は反応①が左から右へ酸化還元平衡定数 1×10^{14} で反応することを示している．

まとめ　酸化還元平衡定数の求め方

1. 反応式と各イオンの酸化還元電位を求める．ネルンストの式を立てる．

$$A + B \rightleftharpoons C + D$$

$$A + ne^- \rightleftharpoons C \qquad E_1 = E^\circ{}_1 + \frac{0.059}{n}\log\frac{[A]}{[C]}$$

$$D + ne^- \rightleftharpoons B \qquad E_2 = E^\circ{}_2 + \frac{0.059}{n}\log\frac{[D]}{[B]}$$

2. $E_1 = E_2$ として式を整理する．

3. $\dfrac{[C][D]}{[A][B]} = K$　として式を整理する．

↓

$\log K$ の値から K を求める．

COLUMN 6

ラジカット

ラジカットは脳梗塞急性期に伴う神経症候や日常生活動作障害などに対して脳保護剤として使用される医薬品である．フリーラジカルを吸収することができるフリーラジカルスカベンジャー（抗酸化剤）として作用する．2001 年に三菱東京製薬から発売されている．

化学構造式を図コラム 6-1 に示す．

図コラム 6-1　ラジカット

図コラム 6-2 に主な活性酸素の種類とその生成過程を示す．活性酸素とは，通常の酸素より化学反応的に活性の高い酸素類のことである．このうちフリーラジカルはスーパーオキシドとヒドロキシルラジカルである．過酸化水素はラジカルではないが，第一鉄などと反応しヒドロキシルラジカルを生成する．生体にとって有害なものは，ヒドロキシルラジカルである．ラジカットは，このヒドロキシラジカルを吸収することで，脳障害を改善すると考えられている．

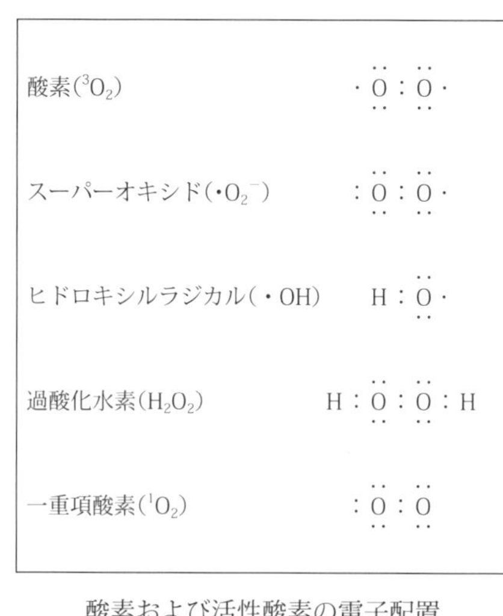

酸素および活性酸素の電子配置

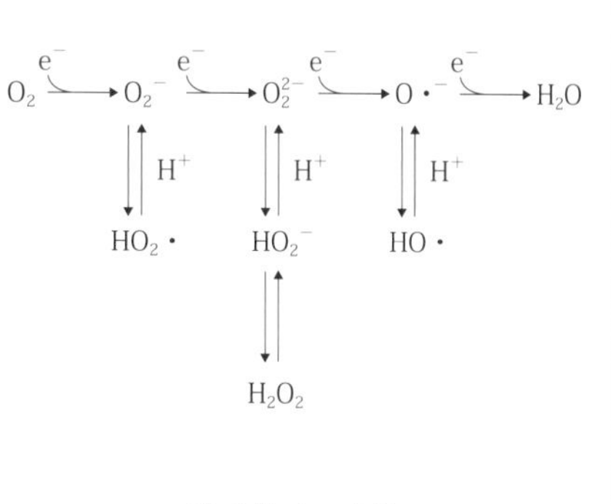

酸素分子の変化

図コラム 6-2 主な活性酸素の種類とその生成過程

COLUMN 7

菌の培養

細菌学者である北里柴三郎が破傷風菌を発見した．彼はある方法で菌の培養に成功した．

嫌気性菌である破傷風菌は，酸素があると育たない．培養するとき，酸素を取り除く必要がある．どの方法で成功したか？

① 培養器の中にろうそくを立て，火を付けた．

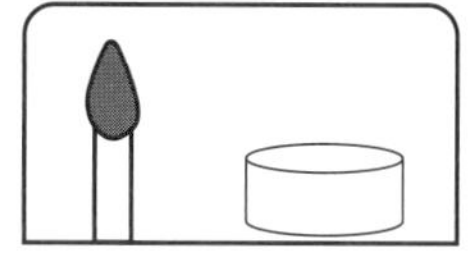

② 培養器にアスピレーターを付け，空気を抜いた．

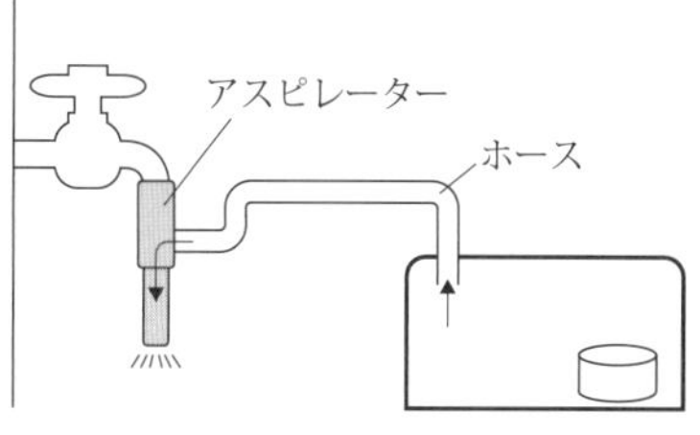

③ フラスコに亜鉛と硫酸を加え，生じるガスを培養器に通した．

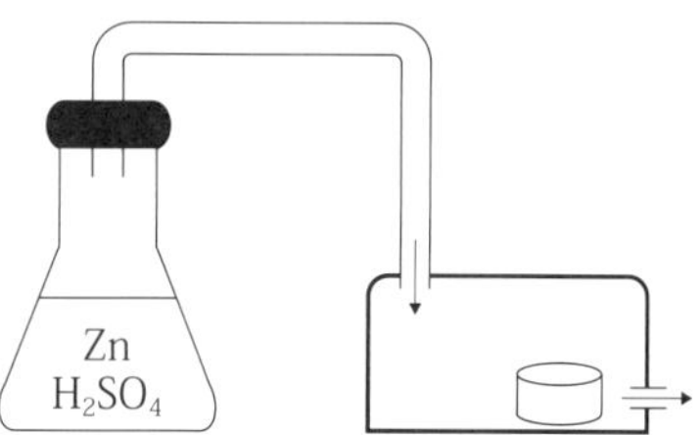

答えは，3 番である．なぜ 3 番なのか，酸化還元反応から考察してみよう．

余談ではあるが，北里柴三郎先生は生物学者ではあるが，化学を熟知していたことがわかる．基礎科学をしっかり身につけることが，世紀の大発見につながることの一例である．

COLUMN 8

放射線とカテキンの働き

放射線とお茶などに含まれているカテキンは一見似ても似つかない，どちらかといえば人にとって有害物質と有益物質との関係にある相対する物質である．しかし，これら両者は化学的には同じ働きをする同類物質（？）である．

放射線は，人にとって有害な面ばかりが強調されているが，そのようなものが，なぜがんの治療やラドン温泉などに利用されるのだろうか．そもそも放射線は，なぜ人に有害なのか．現在考えられているのは，放射線のエネルギーが細胞などに含まれる溶存酸素（水に溶けている酸素）に当たり，電子の移動により活性酸素が生成し，これが遺伝子などに作用するというものである．ここで大事なことは，量にもよるが放射線そのものが直接作用するというものではないということである．

一方カテキンは，お茶などの苦味成分でもあり，渋味でもある．お茶の成分の 10 ～ 15％を占めるカテキンにはいろいろな構造のものがあり，この中でベンゼンに水酸基が３つ結合している EGCg は，特に含量も多く，また還元性も強い．この還元性は，水の中の溶存酸素に電子を与え，容易に活性酸素である過酸化水素を生成する．生じた過酸化水素は殺菌作用を示すことが明らかになっている[1)]．また，カテキンによりがん細胞を死滅させる効果も見出されている．ここで注目することは，カテキンも溶存酸素を介して活性酸素を生成している点である．量的な違いはあるにせよ放射線とカテキンは，同様な化学的作用をすることがわかる．

カテキン ＋ $e^- + O_2 \rightleftharpoons$ スーパーオキシド $\rightleftharpoons H_2O_2$

H_2O_2 → 菌 → 殺菌効果を示す

コラム 8-1）H.Arakawa et al（2004）Biol.Pharm.Bull., 27 (3) 277

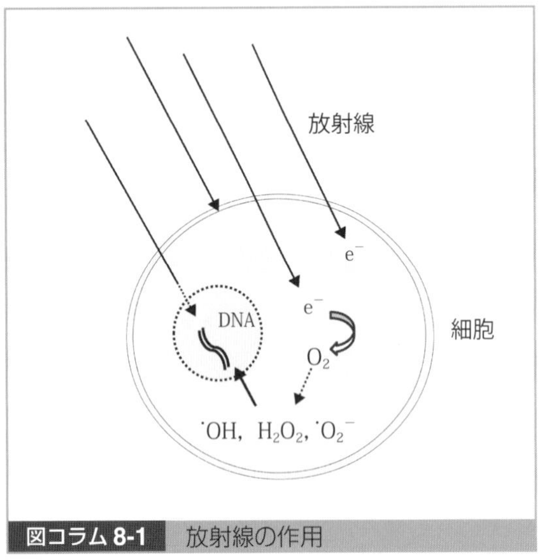

図コラム 8-1　放射線の作用

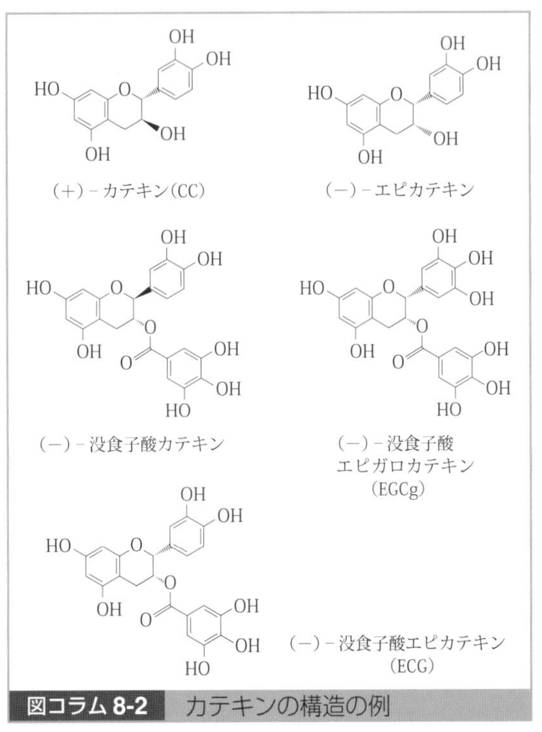

図コラム 8-2　カテキンの構造の例

まとめ　酸化還元平衡

1. 酸化還元反応は電子の流れ（移動）を伴った反応である.

2. 酸化剤と還元剤は反応中に存在する.

3. 酸化と還元は原子の酸化数により判定される.

酸化数が増える：Fe^{2+} → Fe^{3+} ⇨ 酸化される ⇨ Fe^{2+}は還元剤

酸化数が減る：MnO_4^-（Mn の酸化数 7）→ Mn^{2+}（Mn の酸化数 2）⇨ 還元される ⇨ MnO_4^-は酸化剤

4. 酸化と還元の大きさ(強さ)は電池を形成させて電流量を測定することでわかる.

ダニエル電池

$Zn^{2+} + 2e^- \rightleftharpoons Zn$　（半電池＝単極電位をもつ）

$Cu^{2+} + 2e^- \rightleftharpoons Cu$　（半電池＝単極電位をもつ）

$\therefore Zn + Cu^{2+} \rightleftharpoons Zn^{2+} + Cu$

・2つの半電池を塩橋または素焼き板で仕切る → 液間電位差を小さくする.

・それぞれの半電池を導線でつなぐと電位が測定できる.

・それぞれの半電池の電位の差を起電力という.

・起電力はイオン化傾向の差が大きいものを組み合わせることにより大きくなる.

・イオン化傾向の大きいほうが負極，反対側が正極となる.

・電子は負極から正極に流れる．これに対し電流は正極から負極に流れる.

・各半電池を標準水素電極（電位ゼロと定義）と組み合わせて電池を形成させるとそれぞれの標準酸化還元電位が計測できる.

5. 酸化還元反応の種類

① 金属⇔金属イオン系の反応　ex）$Zn \rightleftharpoons Zn^{2+}$
→ 電極の Zn は活性電極

② 金属イオン系⇔金属イオン系の反応　ex）$Fe^{2+} \rightleftharpoons Fe^{3+}$
→ 不活性電極（白金）を使用

③ 非金属⇔非金属イオン系の反応（有機物：アスコルビン酸 ⇌ デヒドロアスコルビン酸）→ 不活性電極を使用

6. ネルンストの式 → 酸化還元電位を化学種濃度により求める式

・自然対数を用いる式と常用対数を用いる式がある.

・酸化体＞還元体濃度のとき，電位 E は大きくなる.

・金属そのものは溶けないので濃度の値はない．よって1とする.

ex）$Zn^{2+} + 2e^- \rightleftharpoons Zn$

$$E = E^\circ + \frac{0.059}{2}\log[Zn^{2+}] \quad \text{または} \quad E = E^\circ + \frac{RT}{2F}\ln[Zn^{2+}]$$

ex）$Fe^{3+} + e^- \rightleftharpoons Fe^{2+}$

$$E = E^\circ + 0.059\log\frac{[Fe^{3+}]}{[Fe^{2+}]} \quad \text{または} \quad E = E^\circ + \frac{RT}{F}\ln\frac{[Fe^{3+}]}{[Fe^{2+}]}$$

7. 酸化還元電位に影響する因子：温度，pH，沈殿反応との競合（イオン積＞K_{sp}）

8. 酸化還元平衡定数はネルンストの式から導く．

① E_1 と E_2 のネルンストの式を立てる．

② $E_1 = E_2$ とし，K を求める．

演習問題

問題 1　次の分子やイオン中の各原子の酸化数はいくらか．

1　TiO_2　**2**　$PbSO_4$　**3**　$H_2C_2O_4$　**4**　HPO_4^{2-}　**5**　ICl

6　CrO_4^{2-}　**7**　XeF_4　**8**　N_2O_4　**9**　MnO_4^-　**10**　ClO_4^-

問題 2　金属のイオン化傾向について説明しなさい．

問題 3　次のような酸化還元平衡が成立しているとき，その電位はネルンストの式により表すことができる．その式を示しなさい．

$$M^{n+}(\text{酸化型}) + ne^- \rightleftharpoons M(\text{還元型})$$

問題 4　$Cr_2O_7^{2-}$ が 10^{-3}mol/L，Cr^{3+} が 10^{-2}mol/L 含まれる pH 2 の溶液がある．この溶液の酸化還元電位を示しなさい．ただし，標準酸化還元電位を 1.33 とする．

$$Cr_2O_7^{2-} + 14H^+ + 6e^- \rightleftharpoons 2Cr^{3+} + 7H_2O$$

（正解：1.06）

問題 5　次の参照電極がなぜ電位が一定なのか，ネルンストの式を用いて説明しなさい．

1　飽和カロメル電極　**2**　銀-塩化銀電極

問題 6　酸化還元平衡に関する次の問に答えなさい．

1　酸化剤とは電子を〔　　　　　〕する物質である．

2　物質 A が他の物質 B から還元されると，A の酸化数は〔　〕する．

3　LiH 中の水素原子の酸化数は〔　　〕である．

4　NO_3^- 中の窒素の酸化数は〔　　〕である．

（正解：受容，減少，－ 1，＋ 5）

問題 7　次の電池の起電力を計算しなさい．

$Zn \mid Zn^{2+}(1\ mol/L) \parallel Fe^{3+}(1\ mol/L),\ Fe^{2+}(1\ mol/L) \mid Pt$

ただし，$Zn^{2+} + 2e^- \rightleftharpoons Zn \qquad E^\circ = -0.76$

$Fe^{3+} + e^- \rightleftharpoons Fe^{2+} \qquad E^\circ = 0.77$

（正解：1.53 V）

問題 8　次の反応の平衡定数を求めなさい．

$$2Fe^{3+} + Cd \rightleftharpoons 2Fe^{2+} + Cd^{2+}$$

ただし，標準電位は，$Fe^{3+}/Fe^{2+} = +0.75$ V，$Cd^{2+}/Cd = -0.402$ V である．

（正解：$K = 10^{39.1}$）

問題 9　$2\,Fe^{3+} + 2\,I^- \rightleftharpoons 2\,Fe^{2+} + I_2$　の反応に関する次の問に答えなさい．ただし，半反応式は，

(1) $2Fe^{3+} + 2e^- \rightleftharpoons 2Fe^{2+}$

(2) $I_2 + 2e^- \rightleftharpoons 2I^-$

とし，それぞれの標準電位は，$Fe^{3+}/Fe^{2+} = +0.75$ V，$I_2/I^- = +0.54$ V とする．

1　半反応(1)と(2)のネルンストの式を書きなさい．

2　この反応の平衡定数（$K = [Fe^{2+}]^2[I_2]/[Fe^{3+}]^2[I^-]^2$）を求めなさい．

（正解：$1 \times 10^{7.1}$）

錯体平衡

4章

4-1 錯体とは

O，S，N，ハロゲンなどの陰性の強い原子を含む分子またはイオンの非共有電子対（lone pair）は，ある原子との間に配位結合を生じる．生成する化合物を錯体という．この章では錯体生成に関する平衡について学ぶ．

4-1-1 配位結合

非共有電子対が金属イオンなどの空いている軌道に入ることで結合が生じる．

ex）テトラアンミン銅（Ⅱ）イオン$[Cu(NH_3)_4]^{2+}$

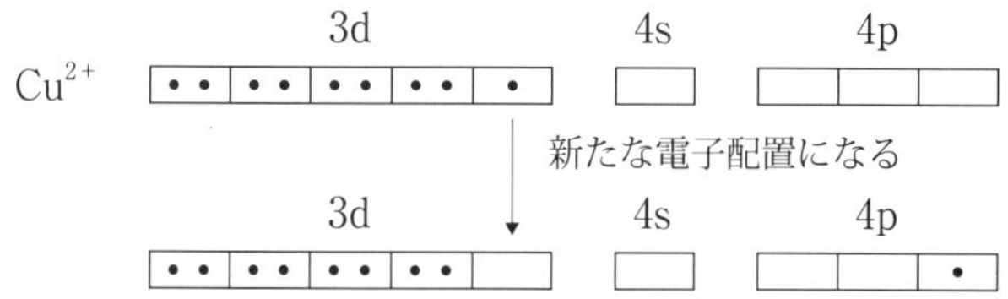

	3d					4s	4p		
Cu^{2+}	••	••	••	••	•				

↓ 新たな電子配置になる

3d					4s	4p		
••	••	••	••					•

空いている 3d，4s に各 1 個，4p に 2 個の $\ddot{N}H_3$ が入ることになる．

→合計 4 つの $\ddot{N}H_3$ が入ることができる dsp^2 混成軌道が形成される．

4-1-2 錯体の種類

中心原子が金属の錯体を，金属錯体という．

錯体にはイオン性のものと電荷のない分子の形のものがある．

イオン

中心原子

$[Cu(NH_3)_4]^{2+}$ ← Cu イオンの 2+が残っている

NH_3 は中性なので Cu の電荷は変化しない

$[HgI_4]^{2-}$

$(+2)+(-1)\times 4=-2$

分子

OH┈┈┈┈O^-
$H_3C-C=N$ Ni^{2+} $N=C-CH_3$
$H_3C-C=N$ $N=C-CH_3$
O^-┈┈┈┈HO

電荷はない

4-1-3 錯 体 の 平 衡

一般の金属錯体平衡を，便宜的に電荷を除いた式で表すと以下のようになる．

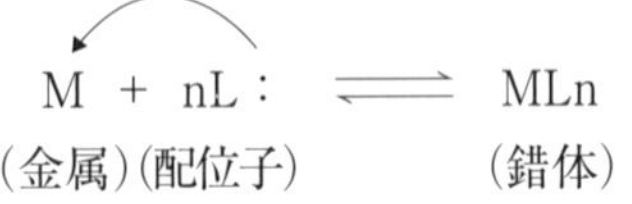

$$\underset{(金属)}{M} + \underset{(配位子)}{nL:} \rightleftharpoons \underset{(錯体)}{MLn}$$

M：metal
L：ligand

M＝電子受容体＝ルイスの酸（H^+）に相当

L＝電子供与体＝ルイスの塩基に相当

このように錯体の平衡は一種の酸塩基反応と考えることができる．

ex） $\ddot{N}H_3 + H^+ \rightleftharpoons NH_4^+$

NH_3(塩基)の非共有電子対が H^+(酸)に配位する

4-1-4 配位子の種類

金属に結合する物質（非共有電子対をもっている）を配位子，またはリガンドという．

1. F^-，Cl^-などのハロゲン…単原子イオン
2. N，O，S を含む分子またはイオン
   ex）OH^-，CN^-，SCN^-…多原子イオン
3. H_2O，NH_3，*o*-フェナントロリン…中性分子

4-1-5 配　　位　　子

配位基が１つ ⟶ 結合の数が１つ ⟶ 単座配位子

多座配位子
- 配位基が２つ ⟶ 結合の数が２つ ⟶ ２座配位子
- ～
- 配位基が６つ ⟶ 結合の数が６つ ⟶ ６座配位子

多座配位子は１つの金属イオンにカニのように配位結合することができる．これをキレートという．このとき，**金属イオン１モルに対し，配位子１モル**が反応する．

4-1-6 配　位　数

金属には配位される数が決まっている → 配位数という.

配位数は 2 ～ 8 存在する.

各金属イオンの配位数を次の表に示す.

金属イオンの配位数

配位数	元　素
2	Cu^{+}
2 または 4	Ag^{+}
4	Li^{+}　Be^{2+}　Ag^{2+}　Hg^{2+}　Na^{+}　Pd^{2+}　Au^{3+}　K^{+}　Pt^{2+} Zn^{2+}　B^{3+}　Cu^{2+}　Cd^{2+}
4 または 6	Co^{2+}　Ni^{2+}
6	Rb^{+}　Sr^{2+}　Cr^{3+}　Fe^{3+}　Rh^{3+}　Pt^{4+}　Pb^{2+}　Cs^{+}　Ba^{2+} Mn^{2+}　Ru^{3+}　Ir^{3+}　Al^{3+}　Mg^{2+}　Ra^{2+}　Mn^{3+}　Os^{3+}　Ni^{4+} Si^{4+}　Ca^{2+}　V^{3+}　Fe^{2+}　Co^{3+}　Pd^{4+}　Sn^{4+}
8	Zr^{4+}　Mo^{4+}　W^{4+}

配位数により，結合の配置には方向性がある. ← 立体構造が異なる

直線型 ──→配位数 2

三角錐型 ──→配位数 3

正方平面型──→配位数 4

正四面体型──→配位数 4

四角錐型 ──→配位数 5

正八面体型──→配位数 6

[:N⋮⋮C: ― Ag ― :C⋮⋮N:]$^{-}$

$[Ag(CN)_2]^{-}$

直線型

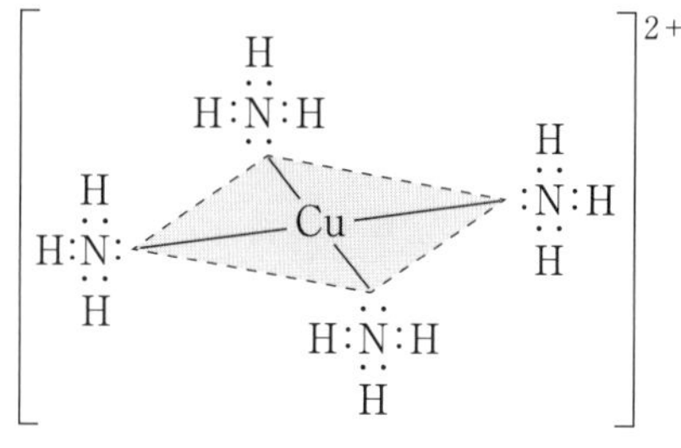

$[Cu(NH_3)_4]^{2+}$

正方平面型

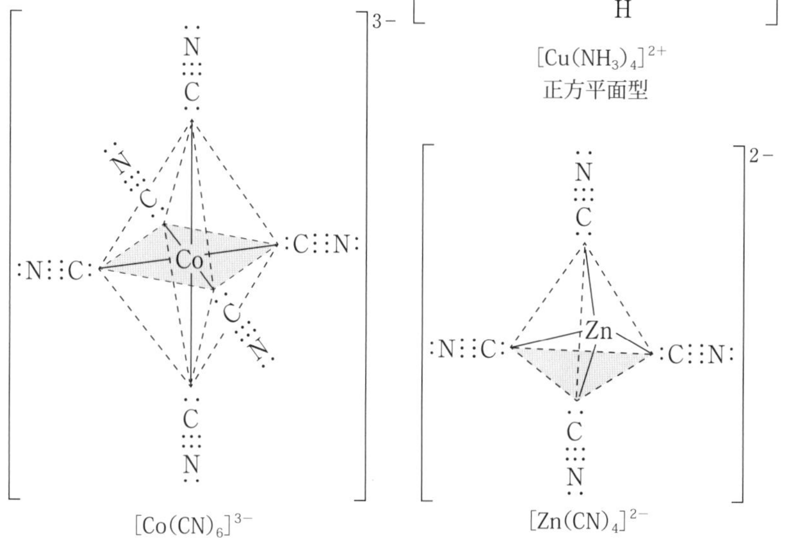

$[Co(CN)_6]^{3-}$

正八面体型

$[Zn(CN)_4]^{2-}$

正四面体型

4-1-7 錯体の命名法

ex) $[Ag(CN)_2]^-$　シアノ銀(Ⅰ)酸イオン

① 配位子名を先に，金属名を後に書く

② 錯体が陰イオンのとき，「酸」という

③ 金属の酸化数は金属名の後に（　）で書く

4-1-8 金属錯体の液性

金属イオンは水溶液中で水和しており，一般に酸として働く．アルカリ金属（1 族），アルカリ土類金属（2 族）はきわめて弱い酸である．Al^{3+}，Cu^{2+}，Zn^{2+}，Fe^{3+}は酸性を示す．

ex) $[Al(H_2O)_6]^{3+} + H_2O \rightleftharpoons [Al(OH)(H_2O)_5]^{2+} + H_3O^+$

4-2 錯体平衡

4-2-1 錯体の生成定数

硫酸銅水溶液にアンモニア（NH_3，塩基）を加えると，銅の水酸化物が沈殿する．

$$Cu^{2+} + 2OH^- \longrightarrow Cu(OH)_2 \downarrow$$（電荷がないため沈殿する）

さらに NH_3 を加えると沈殿は溶ける　⇨　錯体生成（イオン性化合物に変わる）

$$Cu(OH)_2 + 4NH_3 \longrightarrow [Cu(NH_3)_4]^{2+} + 2OH^-$$

錯体生成反応を銅イオンで説明すると，以下のようになる．

(1) Cu^{2+}を水に溶かすと，まわりに水が配位した水和金属イオンとして存在する．

$$Cu^{2+} + 4H_2O \longrightarrow \underset{\text{水和金属イオン}}{[Cu(H_2O)_4]^{2+}}$$

(2) これに NH_3 を反応させると，

$$[Cu(H_2O)_4]^{2+} + NH_3 \rightleftharpoons [Cu(H_2O)_3NH_3]^{2+} + H_2O$$

(3) さらに NH_3 を加えていくと，銅(Ⅱ)アンミン錯イオンが生成する．

$$[Cu(H_2O)(NH_3)_3]^{2+} + NH_3 \rightleftharpoons [Cu(NH_3)_4]^{2+} + H_2O$$

(4) 中心金属イオンを M，配位子を L として生成定数を導くと以下のようになる．

$$M + L \rightleftharpoons ML \qquad K_1 = \frac{[ML]}{[M][L]}$$

$$\mathrm{ML} + \mathrm{L} \rightleftharpoons \mathrm{ML_2} \qquad K_2 = \frac{[\mathrm{ML_2}]}{[\mathrm{ML}][\mathrm{L}]}$$

$$\vdots$$

$$\mathrm{ML}_{n-1} + \mathrm{L} \rightleftharpoons \mathrm{ML}_n \qquad K_n = \frac{[\mathrm{ML}_n]}{[\mathrm{ML}_{n-1}][\mathrm{L}]}$$

K_1, K_2, K_3, …, K_n **逐次生成定数**という.

n 個の配位子が配位する錯体生成反応は,

$$\mathrm{M} + n\mathrm{L} \rightleftharpoons \mathrm{ML}_n$$

$$K_\mathrm{F} = \frac{[\mathrm{ML}_n]}{[\mathrm{M}][\mathrm{L}]^n} \qquad \text{(F：formation)}$$

K_F を**全生成定数**という.

K_F と逐次生成定数の関係

例として, $n = 3$ としたとき,

$K_\mathrm{F} = \dfrac{[\mathrm{ML_3}]}{[\mathrm{M}][\mathrm{L}]^3}$ とする.

この式に K_1 と K_2 を代入する.

$$K_1 = \frac{[\mathrm{ML}]}{[\mathrm{M}][\mathrm{L}]} \rightarrow [\mathrm{M}] = \frac{[\mathrm{ML}]}{K_1[\mathrm{L}]}$$

$$K_2 = \frac{[\mathrm{ML_2}]}{[\mathrm{ML}][\mathrm{L}]} \rightarrow [\mathrm{L}] = \frac{[\mathrm{ML_2}]}{K_2[\mathrm{ML}]}$$

$$K_3 = \frac{[\mathrm{ML_3}]}{[\mathrm{ML_2}][\mathrm{L}]}$$

$$K_\mathrm{F} = \frac{[\mathrm{ML_3}]}{\dfrac{[\mathrm{M}\cancel{\mathrm{L}}]}{K_1[\cancel{\mathrm{L}}]} \times \dfrac{[\mathrm{ML_2}]}{K_2[\cancel{\mathrm{ML}}]} \times [\mathrm{L}]^{\cancel{2}}}$$

$$= K_1K_2 \times \frac{[\mathrm{ML_3}]}{[\mathrm{ML_2}][\mathrm{L}]} \quad \leftarrow \text{代入する}$$

$= K_1K_2K_3$ となる

したがって逐次反応が n 個ある場合は, $K_\mathrm{F} = K_1 \times K_2 \times K_3 \times \cdots K_n$

K_F は, 温度, イオン強度が一定なら定数である.

K_F の大きさ

一般に安定な錯体を形成する場合, K_F は 1×10^8 以上となる. その理由を金属イオン M と配位子 L との反応で考えてみると,

$$M + L \rightleftharpoons ML$$

安定に錯体MLが生成する率を99.9%とし，未反応のMとLが0.01%としてK_Fを求め，

$$K_F = \frac{[ML]}{[M][L]} = \frac{99.9/100}{(0.01/100)^2} \fallingdotseq 1 \times 10^8$$

となることからも理解できる．

一般にEDTA（エチレンジアミン四酢酸，ethylenediamine tetraacetic acid）と金属イオンとのキレート生成定数（$\log K_F$）は，pHなどの至適条件下で，次のような値を示す．

金属イオン	Mg^{2+}	Ca^{2+}	Ba^{2+}	Fe^{2+}	Co^{2+}	Ni^{2+}	Cu^{2+}	Zn^{2+}	Pb^{2+}	Al^{3+}	Fe^{3+}
$\log K_F$	8.7	10.7	7.8	14.3	16.3	18.6	18.8	16.6	18	16.1	25.1

4-3 錯体平衡に影響する因子

錯体生成反応は，ルイスの定義に基づく酸塩基反応といえるため，以下のように，反応中にH^+やOH^-が加わるとその生成反応は大きく影響されることになる．

$M^+ + L \overset{K_F}{\rightleftharpoons} ML$　　H^+が増えると反応しないM^+が増える

H^+ → $HL + M^+$↑（増える）

錯体の減少

$M^+ + L \overset{K_F}{\rightleftharpoons} ML$　　OH^-が増えると反応しないLが増える

OH^- → $M(OH)$↓ + L↑（増える）

H^+，OH^-が存在するとML錯体は減少する．

1. H^+の共存

$$H^+ + L \rightleftharpoons HL \qquad K_a = \frac{[H^+][L]}{[HL]} \quad \cdots①$$

金属に結合しない配位子をL'とし，質量均衡式を立てると，

$[L'] = [L] + [HL]$　になる．これに①を代入

$$= [L] + \frac{[H^+][L]}{K_a}$$

$$= [L](1 + \frac{[H^+]}{K_a})$$

[H^+]が K_a に対して大きいとき，$\frac{[H^+]}{K_a} > 1$　**[L']>[L]**
錯体の形成が減少

[H^+]が K_a に対して小さいとき，$\frac{[H^+]}{K_a} \ll 1$　**[L']=[L]**

$$1 + \frac{[H^+]}{K_a} = \alpha_H \text{ とおくと } [L'] = [L]\alpha_H$$

[H^+] が共存したときの錯体生成定数 K_F'　条件付生成定数

$$K_F' = \frac{[ML]}{[M][L']} = \frac{[ML]}{[M][L]\alpha_H} = \frac{K_F}{\alpha_H} \Rightarrow K_F' = \frac{K_F}{\alpha_H}$$

$\alpha_H \uparrow \rightarrow K_F' \downarrow$

条件付生成定数 K_F' は，H^+が増えると，減少する．

2. OH^-の共存

$$M + OH^- \rightleftharpoons [M(OH)]^-$$

ヒドロキソ錯体

OH^-が金属と反応してヒドロキソ錯体が生じるため，ML の生成が減少する．

配位子 L に結合していない金属 M' に注目すると，

$$K_b = \frac{[M][OH^-]}{[M(OH)]} \quad \cdots ①$$

$$[M'] = [M] + [M(OH)]$$

①を代入

$$[M'] = [M] + \frac{[M][OH^-]}{K_b}$$
$$= [M]\left(1 + \frac{[OH^-]}{K_b}\right)$$

K_b に対して[OH^-]が大きくなると，$\frac{[OH^-]}{K_b} > 1$　**[M']は大きくなる**
配位子 L と結合する
M が減少する．

K_b に対して[OH^-]が小さくなると，$\frac{[OH^-]}{K_b} \ll 1$　**[M']=[M]**となる．

$$1 + \frac{[OH^-]}{K_b} = \alpha_{OH} \text{ とすると，} [M'] = [M]\alpha_{OH}$$

$[H^+]$ と $[OH^-]$ が共存したときの $K_F{}'$

$$K_F{}' = \frac{[ML]}{[M'][L']}$$

$$= \frac{[ML]}{[M]\alpha_{OH}\ [L]\alpha_H} \quad \leftarrow \quad K_F = \frac{[ML]}{[M][L]} \quad \text{を代入}$$

$$= \frac{K_F}{\alpha_H \alpha_{OH}}$$

$[H^+]$ や $[OH^-]$ が増えると α_H, α_{OH} が大きくなるため，錯体の生成が減少する．

3. 他の錯体生成剤の影響

H^+，OH^- 以外： $M + L \rightleftharpoons ML$

$M \underset{}{\overset{Z}{\rightleftharpoons}} MZ$ 　錯体平衡 $K_F = \dfrac{[MZ]}{[M][Z]}$ …①

Z が加わることによって，配位子 L に結合しない M' の質量均衡式は，

$$[M'] = [M] + [MZ] \quad \leftarrow \text{①を代入}$$

$$= [M] + K_F[M][Z]$$

$$= [M](1 + K_F[Z])$$

$1 + K_F[Z] = \beta_M$ とおくと，$[M'] = [M]\beta_M$

Z が共存したときの ML の生成定数 $K_F{}'$ は，

$$K_F{}' = \frac{[ML]}{[M'][L]} = \frac{[ML]}{[M]\beta_M[L]} = \frac{K_F}{\beta_M}$$

$$K_F{}' = \frac{K_F}{\beta_M}$$

他の錯体生成剤（錯化剤）が入ると錯体の生成が減少する．

$Z\uparrow \rightarrow \beta_M\uparrow \rightarrow K_F{}'\downarrow$

$[H^+]$ と Z が共存するとき，金属と配位子が反応する $K_F{}'$ は，

$$K_F{}' = \frac{[ML]}{[M'][L']} = \frac{[ML]}{[M]\beta_M[L]\alpha_H}$$

$K_F{}' = \dfrac{K_F}{\beta_M \alpha_H}$ で示される → $[H^+]\uparrow$，$[Z]\uparrow$ → $K_F{}'\downarrow$

4. EDTA のキレート

$$\begin{matrix} \text{HÖOCH}_2\text{C} \diagdown & & & & & & \diagup \text{CH}_2\text{COÖH} \\ & \ddot{\text{N}} - \text{CH}_2 - \text{CH}_2 - \ddot{\text{N}} & & & & & \\ \text{HÖOCH}_2\text{C} \diagup & & & & & & \diagdown \text{CH}_2\text{COÖH} \end{matrix}$$

水中では 6 個の非共有電子対（lone pair）がある．
→ 6 座配位子

水中での解離は，EDTA → H_4Y とおくと，

キレートする力が上昇する ↓

$$H_4Y \rightleftharpoons H^+ + H_3Y^- \qquad K_{a_1} = \frac{[H^+][H_3Y^-]}{[H_4Y]} \quad \cdots ①$$

$$H_3Y^- \rightleftharpoons H^+ + H_2Y^{2-} \qquad K_{a_2} = \frac{[H^+][H_2Y^{2-}]}{[H_3Y^-]} \quad \cdots ②$$

$$H_2Y^{2-} \rightleftharpoons H^+ + HY^{3-} \qquad K_{a_3} = \frac{[H^+][HY^{3-}]}{[H_2Y^{2-}]} \quad \cdots ③$$

$$\boxed{HY^{3-} \rightleftharpoons H^+ + Y^{4-}} \qquad K_{a_4} = \frac{[H^+][Y^{4-}]}{[HY^{3-}]} \quad \cdots ④$$

4つの酢酸がすべて解離した状態

キレートする力は①<②<③<④である．したがって塩基性のほうが錯体を形成する．

金属イオン M^{n+} に EDTA を加えたとき，金属と結合しない EDTA (Y' とおく)の濃度 $[Y']$ は，

$$[Y'] = [Y^{4-}] + [HY^{3-}] + [H_2Y^{2-}] + [H_3Y^-] + [H_4Y]$$

$[Y^{4-}]$ でくくると，

$$[Y'] = [Y^{4-}]\left(1 + \frac{[HY^{3-}]}{[Y^{4-}]} + \frac{[H_2Y^{2-}]}{[Y^{4-}]} + \frac{[H_3Y^-]}{[Y^{4-}]} + \frac{[H_4Y]}{[Y^{4-}]}\right)$$

④から $\dfrac{[HY^{3-}]}{[Y^{4-}]} = \dfrac{[H^+]}{K_{a_4}}$，以下 $K_3 \times K_4$，$K_2 \times K_3 \times K_4$，$K_1 \times K_2 \times K_3 \times K_4$ からかっこ内の項を $[H^+]$ と K_a で表す．

$$[Y'] = [Y^{4-}]\underbrace{\left(1 + \frac{[H^+]}{K_{a_4}} + \frac{[H^+]^2}{K_{a_3}K_{a_4}} + \frac{[H^+]^3}{K_{a_2}K_{a_3}K_{a_4}} + \frac{[H^+]^4}{K_{a_1}K_{a_2}K_{a_3}K_{a_4}}\right)}_{=\ \alpha_H \text{とすると}}$$

$$= [Y^{4-}]\alpha_H$$

$[H^+]$ が増えると α_H も大きくなる．
→金属と結合しない Y' も増える．
→キレートの生成が減少することになる．

したがって，塩基性にするほうがキレートが生成しやすくなるが，金属水酸化物の沈殿が生じやすい ($M^{n+} + nOH^- \rightarrow M(OH)_n \downarrow$)．

そこで，キレート生成では，金属が OH^- と反応しないように NH_3 を用いる．

⇨ キレート滴定では，一般にアンモニア緩衝液を用いる．

NH_3 は金属と錯体をつくるが，錯生成力が，EDTA ≫ NH_3 であるため，その結合は EDTA のキレート生成に影響しない．

4-4 錯体平衡における化学種濃度

$$\mathrm{M + L \rightleftharpoons ML} \qquad K_1 = \frac{[\mathrm{ML}]}{[\mathrm{M}][\mathrm{L}]}$$

$$\mathrm{ML + L \rightleftharpoons ML_2} \qquad K_2 = \frac{[\mathrm{ML_2}]}{[\mathrm{ML}][\mathrm{L}]}$$

$$\mathrm{ML}_{n-1} + \mathrm{L} \rightleftharpoons \mathrm{ML}_n \qquad K_n = \frac{[\mathrm{ML}_n]}{[\mathrm{ML}_{n-1}][\mathrm{L}]}$$

金属イオンの全濃度を C_M，配位子の全濃度を C_L とすると，

$$C_\mathrm{M} = [\mathrm{M}] + [\mathrm{ML}] + [\mathrm{ML_2}] + \cdots + [\mathrm{ML}_n] \quad \cdots ①$$

$$C_\mathrm{L} = [\mathrm{L}] + [\mathrm{ML}] + 2[\mathrm{ML_2}] + \cdots + n[\mathrm{ML}_n] \quad \cdots ②$$

逐次生成定数 K_i（$i = 1 \sim n$）を用いて，すべての化学種 L，M，ML_i の濃度を求める．

金属イオンに配位していない配位子の平衡濃度［L'］が既知であるとき，または配位子濃度が金属イオン濃度よりも大過剰で［L'］$= C_\mathrm{L}$ に近似できるとき，以下の式②に逐次生成定数と C_L を代入することによりそれぞれの濃度を求めることができる．

① $C_\mathrm{M} = [\mathrm{M}] + [\mathrm{ML}] + [\mathrm{ML_2}] + \cdots + [\mathrm{ML}_n]$ から

$$= [\mathrm{M}] + K_1[\mathrm{M}][\mathrm{L}] + K_2[\mathrm{ML}][\mathrm{L}] + \cdots + K_n[\mathrm{ML}_{n-1}][\mathrm{L}]$$

$$= [\mathrm{M}] + K_1[\mathrm{M}][\mathrm{L}] + K_1K_2[\mathrm{M}][\mathrm{L}]^2 + \cdots + K_1K_2K_3\cdots K_n[\mathrm{M}][\mathrm{L}]^n$$

$$= [\mathrm{M}](1 + K_1[\mathrm{L}] + K_1K_2[\mathrm{L}]^2 + \cdots + K_1K_2K_3\cdots K_n[\mathrm{L}]^n)$$

$K_1 = \beta_1$，$K_1K_2 = \beta_2$，$K_1K_2K_3\cdots K_n = \beta_n$ とすると，

$$= [\mathrm{M}](1 + \beta_1[\mathrm{L}] + \beta_2[\mathrm{L}]^2 + \cdots + \beta_n[\mathrm{L}]^n) \quad \cdots ①'$$

ここで，$\dfrac{[\mathrm{M}]}{C_\mathrm{M}}$ を①' を用いて表せば，

$$\frac{[\mathrm{M}]}{C_\mathrm{M}} = \frac{[\mathrm{M}]}{[\mathrm{M}](1 + \beta_1[\mathrm{L}] + \beta_2[\mathrm{L}]^2 + \cdots + \beta_n[\mathrm{L}]^n)}$$

さらに，$q = (1 + \beta_1[\mathrm{L}] + \beta_2[\mathrm{L}]^2 + \cdots + \beta_n[\mathrm{L}]^n)$ …②とすると，

$$\frac{[\mathrm{M}]}{C_\mathrm{M}} = \frac{1}{q} \rightarrow C_\mathrm{M} = [\mathrm{M}]q$$

［M］を求めると，

$$[\mathrm{M}] = \frac{C_\mathrm{M}}{q} \quad \text{となる}$$

同様に，

$$[\mathrm{ML}] = \frac{C_\mathrm{M}\,\beta_1[\mathrm{L}]}{q},\quad [\mathrm{ML_2}] = \frac{C_\mathrm{M}\,\beta_2[\mathrm{L}]^2}{q},\quad [\mathrm{ML}_n] = \frac{C_\mathrm{M}\,\beta_n[\mathrm{L}]^n}{q}$$

が求められる．

ここでの式の誘導は，酸塩基平衡のモル分率を参考にすると容易である．

例題

■問 1　0.02 mol/L $AgNO_3$ 水溶液と 0.2 mol/L NH_3 水溶液を等量混合した水溶液中の［Ag^+］を求めなさい．ただし，$Ag(NH_3)_2^+$ の逐次生成定数は $\log k_1=3.3$，$\log k_2=3.9$ とする．

▶解説

等量混合により $AgNO_3$ は 0.01 mol/L，NH_3 は 0.1 mol/L である．NH_3 は大過剰に存在するので，すべての Ag^+ は $Ag(NH_3)_2^+$ になっている．

未反応の NH_3 は 0.1 − 2 × 0.01 = 0.08 mol/L

$Ag(NH_3)_2^+$ は 0.01 mol/L とすると，

$$K_F = \frac{[Ag(NH_3)_2^+]}{[Ag^+][NH_3]^2}$$

$$K_F = K_1 \times K_2 = 10^{3.3} \times 10^{3.9} = \frac{0.01}{[Ag^+](0.08)^2}$$

$$[Ag^+] = 1 \times 10^{-7}\ \mathrm{mol/L}$$

■問 2　銀イオンは triethylenetetraamine（Trien：$NH_2(CH_2)_2NH(CH_2)_2NH_2$）と 1：1 の錯体をつくる．いま，0.01 mol/L $AgNO_3$ 25 mL と 0.015 mol/L Trien 50 mL を混ぜたとき，溶液中の［Ag^+］濃度を求めなさい．ただし，$K_F = 5 \times 10^7$ とする．

$$Ag^+ + Trien \rightleftharpoons Ag(Trien)^+ \qquad K_F = \frac{[Ag(Trien)^+]}{[Ag^+][Trien]}$$

▶解説

反応前の Ag^+ と Trien のモル数は，

$$[Ag^+] = 0.01 \times \frac{25}{1000} = 0.25\ \mathrm{mmol}$$

$$[Trien] = 0.015 \times \frac{50}{1000} = 0.75\ \mathrm{mmol}$$

未反応の Ag^+ を x として，

$$[Ag(Trien)^+] = 0.25\ \mathrm{mmol} \times 1000/75\ \mathrm{mL} - x \fallingdotseq 3.3\ \mathrm{mmol/L}$$

未反応の［Trien］は，0.75 − 0.25 = 0.5 に反応しなかった x mol/L 分を加算する．

すなわち，0.5 mmol × 1000/75 mL + x ≒ 6.7 mmol/L

これらを質量作用の法則の式に代入する．

$$5 \times 10^7 = \frac{3.3}{x \times 6.7}$$

$$x = 9.8 \times 10^{-9}\ \mathrm{mol/L}$$

COLUMN 9

薬物代謝酵素シトクロムP-450の発見と命名

シトクロムP-450は分子量約45 000～60 000の酸化酵素で，薬物代謝に関わる重要な酵素である．基質特異性が異なる複数の分子種からなり，種類は，ヒトでは約50以上存在するといわれている．金属は鉄(II)で，配位子はアミノ酸のシステインである．主に肝臓に存在するが，他のほとんどの臓器にも，少量ではあるが存在する．

この酵素は，1958年米国ペンシルベニア大学のKlingenbergにより，活性部位の鉄に一酸化炭素が配位結合すると450 nmの吸光度が大きく増加することが発見されている．現在でもその研究室前には，当時の分光光度計によるスペクトルグラムが掲示されている．その後，この酵素は，大阪大学の大村，佐藤らにより詳細に研究され，P-450と命名された．現在では，CYP○○という名で呼ばれている．そのCYはcytochromeから，Pはpigment（色素の意）から引用されている．

薬の効き方には個人差があり，その多くはCYPの遺伝子多型に関わっている．そのため，この酵素は，テーラーメイド医療の重要なマーカーとなっている．今から考えると，これは歴史的な大発見である．

まとめ　錯体平衡

配位子：非共有電子対をもつ分子またはイオン
　　（N，O，S，ハロゲン）

配位基の数：単座配位子，2座配位子，…，多座配位子
　　（EDTA：6座配位子）

配位数：金属イオンが受容できる配位基の数
　　Cu^{2+}：配位数4
　　Co^{3+}：配位数6

錯体生成定数

$K_F = K_1 \times K_2 \times K_3 \times K_4 \cdots \times K_n$（$K_1 \sim K_n$：逐次生成定数）

錯体平衡に影響する主な因子

1. H^+濃度
2. OH^-濃度
3. 他の錯体生成剤

演習問題

問題 1　金属の配位数について簡潔に述べなさい．

問題 2　銅イオンとアンモニアとの逐次生成定数（$K_1 \sim K_4$）を質量作用の法則で示しなさい．また，全生成定数 K_F を求める式を示しなさい．

（正解：$K_F = K_1 \times K_2 \times K_3 \times K_4$）

問題 3　$[Ag(NH_3)_2]^+$は直線型である．これは正しいか？

（正解：○）

問題 4　$[Fe(CN)_6]^{4-}$は正方形である．これは正しいか？

（正解：×　正八面体）

問題 5　EDTA の化学構造式を書きなさい．また，EDTA は何座配位子か．

（正解：6）

問題 6　キレート化合物とは何か．

問題 7　錯体平衡の影響因子について述べなさい．

課題

金属イオンが配位している医薬品と生理活性物質を各 5 種類選び，金属イオンの役割について調べなさい．

CBT 対策

【問 1】

pK_a 値の記述について正しいものはどれか.

1　大きい値ほど，強い酸である.
2　酸の濃度が薄いほど値は小さくなる.
3　温度が変化しても値は一定である.
4　負の値は存在しない.
5　値は，$-\log K_a$ で表される.

【問 2】

次の酸塩基の記述について正しいものはどれか.

1　酢酸水溶液にエタノールを加えると，酢酸の酸解離定数は減少する.
2　アンモニア水溶液の塩基性が強いということは，共役な NH_4^+ の K_a が大きいということである.
3　水には濃度が存在しないため，水からの H^+ の解離はない.
4　活量 a とは，溶質の濃度のことである.
5　希薄な溶液の活量係数は，1.0 以下である.

【問 3】

0.1 mol/L CH_3COOH の電荷均衡式として正しいものはどれか.

1　$0.1 = [CH_3COOH] + [CH_3COO^-]$
2　$[CH_3COOH] = [CH_3COO^-]$
3　$[CH_3COOH] = [CH_3COO^-] + [OH^-]$
4　$[CH_3COO^-] = [OH^-] + [H^+]$
5　$[H^+] = [CH_3COO^-] + [OH^-]$

【問 4】

0.1 mol/L Na_2S の質量均衡式として正しいものはどれか.

1　$0.1 = [Na^+] + 2[S^{2-}]$
2　$0.1 = [Na^+] = [HS^-] + [S^{2-}]$
3　$0.1 = [Na^+] = [H_2S] + [HS^-] + [S^{2-}]$
4　$0.1 = 2[Na^+] + [H_2S] + [HS^-] + [S^{2-}]$
5　$0.2 = [Na^+]$，$0.1 = [H_2S] + [HS^-] + [S^{2-}]$

【問 5】

C mol/L Na_2HPO_4 の電荷均衡式として正しいものはどれか.

1　$[Na^+] + [H^+] = [H_2PO_4^-] + [HPO_4^{2-}] + [PO_4^{3-}] + [OH^-]$

2　$[Na^+] + [H^+] = [H_2PO_4^-] + 2[HPO_4^{2-}] + 3[PO_4^{3-}] + [OH^-]$

3　$2[Na^+] + [H^+] = [H_2PO_4^-] + 2[HPO_4^{2-}] + 3[PO_4^{3-}]$

4　$2[Na^+] + [H^+] = [H_3PO_4] + [H_2PO_4^-] + 2[HPO_4^{2-}] + 3[PO_4^{3-}]$

5　$2[Na^+] = [H_2PO_4^-] + 2[HPO_4^{2-}] + 3[PO_4^{3-}]$

【問 6】

次の酸塩基の記述について正しいものはどれか.

1　一塩基酸 HA の電離度 α は濃度が変化しても常に一定である.

2　活量 a, 濃度 C, 活量係数 γ との間には $C = a \times \gamma$ の式が成立する.

3　酸の解離定数 K_a と K との関係式は $K_a = K[H_2O]$ である.

4　共役な pK_a と pK_b との関係は $pK_a + pK_b = 10^{-14}$ で示される.

5　溶媒の誘電率が小さくなると弱塩基の解離定数 pK_b は小さくなる.

【問 7】

次の弱酸と弱塩基水溶液の液性について正しいものはどれか.

1　pH 3 の CH_3COOH 水溶液を水で 100 倍に薄めると, 溶液は pH 5 を示す.

2　0.2 mol/L CH_3COOH 水溶液に 0.2 mol/L NH_3 水溶液を等量混合すると, 液性は酸性を呈する.

3　pH 8 の NH_3 水溶液を水で 100 倍に薄めると, 溶液は pH 10 を示す.

4　同濃度の NH_3 水溶液と HCl 水溶液を等量混合すると, その液性は酸性を呈する.

5　NH_3 の電離度は, 通常 1.0 を示す.

【問 8】

次に示す物質のうち, 0.1 mol/L と 0.01 mol/L の水溶液で, 液性（pH）がほとんど変化しない物質はどれか.

1　塩化アンモニウム

2　硝酸

3　酢酸ナトリウム

4　炭酸

5　アラニン

【問 9】

pH 5 の溶液に溶かしたとき, 電気泳動の陽極に最も速く移動するアミノ酸はどれか.

1　アスパラギン酸（等電点 2.77）

2　システイン（等電点 5.07）

3　グリシン（等電点 5.97）

4　ヒスチジン（等電点 7.59）

5　リシン（等電点 9.75）

【問 10】

緩衝液の特徴として正しい記述はどれか.

1　緩衝液に強酸を加えても pH は変化しない.

2　緩衝液を水でいくら薄めても pH の変化はない.

3　緩衝液の緩衝能は，濃度に依存しない.

4　緩衝液の pH が成分である弱酸の pK_a に等しいとき，緩衝能は最も小さくなる.

5　酸性の緩衝液を調製するには，弱酸とその塩を用いる.

【問 11】

酸性の緩衝液の pH を求める式として正しいものはどれか．ただし，pK_a は酸の $-\log K_a$，$[C_a]$ と $[C_s]$ はそれぞれ弱酸とその塩の濃度とする.

1　$pH = pK_a + \log[C_s]/[C_a]$

2　$pH = pK_a + \log[C_a]/[C_s]$

3　$pH = pK_a + \ln[C_s]/[C_a]$

4　$pH = pK_w - pK_a + \log[C_s]/[C_a]$

5　$pH = pK_w - pK_a + \ln[C_a]/[C_s]$

【問 12】

100 mmol/L KH_2PO_4 緩衝液（pH 6.8）を調製する方法を記述したものである．正しい方法はどれか.

1　200 mmol/L KH_2PO_4 水溶液に水を同量加える.

2　50 mmol/L KH_2PO_4 水溶液に 50 mmol/L K_2HPO_4 水溶液を pH が 6.8 になるまで加える.

3　100 mmol/L KH_2PO_4 水溶液に 1 mol/L HCl を pH が 6.8 になるまで加える.

4　100 mmol/L KH_2PO_4 水溶液に 100 mmol/L K_2HPO_4 水溶液を pH が 6.8 になるまで加える.

5　100 mmol/L KH_2PO_4 水溶液に 1 mol/L NaOH を pH が 6.8 になるまで加える.

【問 13】

0.30 mol/L CH_3COOH 200 mL と 0.60 mol/L CH_3COONa 200 mL を混合した溶液の pH を求めなさい．ただし，CH_3COOH の $K_a = 1 \times 10^{-5}$ とする．また，必要なら $\log 2 = 0.30$，$\log 5 = 0.70$ を用いなさい.

1　4.7

2　5.0

3　5.3

4　8.7

5　9.0

【問 14】

弱酸性医薬品を水に溶かしたとき，イオン形と分子形の濃度比をその酸の pK_a と溶液の pH で表す式はどれか.

1　[イオン形]/[分子形] $= 10^{pH}/10^{pK_a}$

2　[イオン形]/[分子形] $= 1 + 10^{pK_a - pH}$

3　[イオン形]/[分子形] = $1 + 10^{pH - pK_a}$

4　[イオン形]/[分子形] = $10^{pK_a - pH}$

5　[イオン形]/[分子形] = $10^{pH - pK_a}$

【問 15】

0.01 mol/L サリチル酸の電離に関する記述のうち，正しい記述はどれか．ただし，サリチル酸は二塩基酸で，$pK_{a_1} = 3$，$pK_{a_2} = 13$ である．

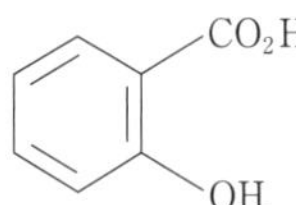

1　溶液を pH 3 にすると水酸基が解離する．

2　溶液を pH 3 にすると分子形の濃度は 0.005 mol/L になる．

3　溶液を pH 5 にすると分子形は存在しない．

4　溶液を pH 8 にすると分子形とイオン形が等しい濃度になる．

5　溶液を pH 13 にするとカルボキシ基が解離したイオン形のみが存在する．

【問 16】

沈殿平衡に関する記述で正しいものはどれか．

1　溶解度とは飽和濃度のことである．

2　溶解度とは沈殿が生じない濃度のことである．

3　溶解度が小さい物質ほど K_{sp} は大きくなる．

4　溶液のイオン積が K_{sp} より大きいとき，その溶液には沈殿がみられない．

5　溶液のイオン積が K_{sp} と等しいとき，その溶液には沈殿が生じている．

【問 17】

バリウム塩の水溶液に関する次の記述のうち，正しいものはどれか．

1　$BaSO_4$(固) $\rightleftharpoons$ $Ba^{2+} + SO_4^{2-}$ における溶解度(S)と K_{sp} との関係式は $S = K_{sp}$ である．

2　$BaSO_4$(固) $\rightleftharpoons$ $Ba^{2+} + SO_4^{2-}$ における溶解度(S)と K_{sp} との関係式は $S = (K_{sp})^{1/2}$ である．

3　$BaSO_4$(固) $\rightleftharpoons$ $Ba^{2+} + SO_4^{2-}$ の平衡系に NaCl を加えると，$BaSO_4$ の溶解度は減少する．

4　$BaCO_3$(固) $\rightleftharpoons$ $Ba^{2+} + CO_3^{2-}$ の平衡系に HCl を加えると，$BaCO_3$ の溶解度は減少する．

5　$BaCl_2$ は水に難溶である．

【問 18】

難溶性塩の溶解度に関する記述として正しいものはどれか．

1　一般に温度は溶解度に影響しない．

2　溶媒の誘電率を大きくすると，溶解度は大きくなる．

3　共通イオンを添加すると，溶解度は一般に大きくなる．

4　共通イオンでないものの添加は一般に溶解度を変化させない．

5　酢酸銀のような弱酸の塩は，溶液の液性を塩基性にするほど，溶解度は増大する．

【問 19】

次の1～5の反応のうち，酸化還元反応はどれか.

1　$BaO + 2HCl \longrightarrow 2BaCl_2 + H_2O$

2　$CuO + H_2 \longrightarrow 2Cu + H_2O$

3　$AgCl + 2NH_3 \longrightarrow [Ag(NH_3)_2]^+ + Cl^-$

4　$CaC_2 + 2H_2O \longrightarrow C_2H_2 + Ca(OH)_2$

5　$Cu(OH)_2 + 4NH_3 \longrightarrow [Cu(NH_3)_4]^{2+} + 2OH^-$

【問 20】

鉄とセリウムの反応は，以下の反応式で示される．これに関する正しい記述はどれか.

$$Fe^{2+} + Ce^{4+} \rightleftharpoons Ce^{3+} + Fe^{3+}$$

1　Fe^{2+}はCe^{4+}に対して還元剤として働く.

2　Fe^{2+}の酸化数は+1である.

3　Ce^{3+}はFe^{3+}に対して酸化剤である.

4　Fe^{2+}とCe^{4+}ではFe^{2+}のほうが電位Eは高い.

5　還元とは，酸化数が増大することである.

【問 21】

ダニエル電池に関する記述のうちで，正しいものはどれか.

ただし，Zn電極，Cu電極の標準電極電位（25℃）$E°$はそれぞれ−0.763 V，0.337 Vである.

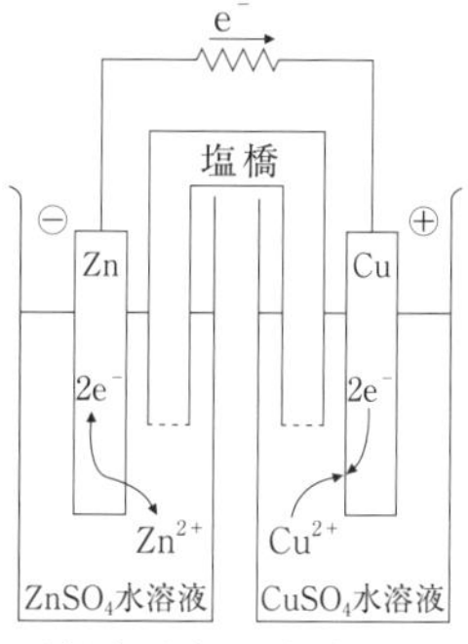

1　還元力はCu電極よりZn電極のほうが大きい.

2　電流はZn電極からCu電極の方向に流れる.

3　電池を長く使用するには，$ZnSO_4$溶液の濃度は$CuSO_4$溶液より濃くしたほうがよい.

4　塩橋は$ZnSO_4$溶液と$CuSO_4$溶液の高さを調節する目的で用いられる.

5　電子はCu電極からZn電極の方向に流れる.

【問 22】

電極に関する以下の記述のうち，正しいものはどれか.

1　参照電極には銀-塩化銀電極が用いられる.

2　標準水素電極の電位は，1 Vに定められている.

3　銀電極は，不活性電極の1つである.

4　pH を測定する場合には，白金電極が用いられる．
5　指示電極は，電位が一定である．

【問 23】

塩基性医薬品の溶解度は，液性の pH に大きく依存する．いま，医薬品の共役な酸解離定数を $\mathrm{p}K_\mathrm{a}$ とするとき，溶液の pH を $\mathrm{p}K_\mathrm{a}$ と等しくすると，溶解度はどうなるか．正しい記述を選びなさい．

1　溶解度は分子形の溶解度に等しい．
2　溶解度は分子形の溶解度の 2 倍に相当する．
3　溶解度はイオン形の溶解度に等しい．
4　溶解度は分子形の溶解度の 0.5 倍に相当する．
5　溶解度は分子形の溶解度の 0.5 乗に相当する．

【問 24】

互いに混ざらない 2 つの溶媒（水と油）に対する薬物（非電解質）の分配係数（真の分配係数ともいう）K_D の式は以下のうちどれか．ただし，水相と油相中の薬物の濃度をそれぞれ，$[\mathrm{A}]_\mathrm{w}$ と $[\mathrm{A}]_\mathrm{o}$ とする．

1　$K_\mathrm{D} = [\mathrm{A}]_\mathrm{w}/[\mathrm{A}]_\mathrm{o}$
2　$K_\mathrm{D} = [\mathrm{A}]_\mathrm{o}/[\mathrm{A}]_\mathrm{w}$
3　$K_\mathrm{D} = [\mathrm{A}]_\mathrm{w}[\mathrm{A}]_\mathrm{o}$
4　$K_\mathrm{D} = ([\mathrm{A}]_\mathrm{w}/[\mathrm{A}]_\mathrm{o})^{1/2}$
5　$K_\mathrm{D} = ([\mathrm{A}]_\mathrm{o}/[\mathrm{A}]_\mathrm{w})^{1/2}$

【問 25】

水と有機溶媒の分配係数 1.5 の化合物を水溶液から有機相に抽出するとき，最も抽出効率のよい方法はどれか．

1　有機溶媒 100 mL で 1 回抽出する．
2　有機溶媒 150 mL で 1 回抽出する．
3　有機溶媒 50 mL で 2 回抽出する．
4　有機溶媒 50 mL で 3 回抽出する．
5　有機溶媒 75 mL で 2 回抽出する．

【問 26】

錯体形成に関与する正しい記述を選びなさい．

1　非共有電子を有する原子と金属イオンの化合物である．
2　共有電子対を有する分子と金属イオンの化合物である．
3　アンモニア分子と水素イオンの化合物である．
4　塩化物イオンとナトリウムイオンの化合物である．
5　イオン性の錯体は存在しない．

【問 27】

エチレンジアミン四酢酸は何座配位子か．正しいものを選びなさい．

1　2 座配位子
2　3 座配位子
3　4 座配位子

4　5 座配位子
5　6 座配位子

【問 28】
錯体化合物の立体構造に関与する正しい記述を選びなさい.
1　配位数 2 の金属イオンとシアン化物イオンとの生成物は正方平面型である.
2　配位数 4 の金属イオンとシアン化物イオンとの生成物は直線型である.
3　配位数 2 の金属イオンとシアン化物イオンとの生成物は正八面体型である.
4　配位数 6 の金属イオンとシアン化物イオンとの生成物は正四面体型である.
5　配位数 6 の金属イオンとシアン化物イオンとの生成物は正八面体型である.

【問 29】
次の錯体平衡の記述について正しいものはどれか.
1　錯体を形成する際の電子受容体を配位子という.
2　単座配位子によってキレート構造はつくられる.
3　多座配位子とは，配位数 6 の鉄(II)イオンのことである.
4　錯体は平面構造で，立体構造は存在しない.
5　錯体全生成定数 K_F は逐次生成定数の積である.

正解と解説

【問 1】■正解　5
2　×　原系と生成系の濃度の比であるため，濃度は影響しない.
3　×　pK_a 値は，温度一定なら一定の値を示す．平衡定数 K と絶対温度 T との関係は，$K = e^{-\Delta G°/RT}$ で示される.
4　×　KIO_4 は $pK_a = -8.6$ である.
【問 2】■正解　1
1　○　溶媒の誘電率が減少するため，酢酸の酸解離定数は減少する.
3　×　水は約 55.6 mol/L で，0.0000002 % 解離し，$[H^+]$ は 1×10^{-7} mol/L である.
4　×　活量 a とは，熱力学的に有効な濃度のことである．$a=C\times\gamma$ （γ は活量係数）
5　×　希薄な水溶液の活量係数 γ は通常 1.0 とみなす.
【問 3】■正解　5
【問 4】■正解　5
【問 5】■正解　2
【問 6】■正解　3
1　×　電離度は濃度に反比例する.
2　×　$a = C \times \gamma$ の式が成立する.
4　×　$pK_a + pK_b = 14$
【問 7】■正解　4
1　×　pH 4 になる．$[H^+] = \sqrt{K_aC}$ で求められる.
2　×　弱酸-弱塩基の塩が生成し，ほぼ中性を示す.
3　×　1 と同様に $[OH^-] = \sqrt{K_bC}$ で求められる．溶液はほぼ pH 7 を示す.
4　○　塩化アンモニウムが生成する.
5　×　アンモニアは弱塩基性物質で，電離度は 1 以下であり，その値は濃度とともに変化する.
【問 8】■正解　5
アラニン（アミノ酸）は両性イオンであるため，pH は濃度に依存しない.
$pH = (pK_{a_1} + pK_{a_2})/2$
【問 9】■正解　1
pH 5 において等電点 5.0 以下は陰性に荷電し，陽極に移動する.
【問 10】■正解　5
【問 11】■正解　1
ヘンダーソン-ハッセルバルヒの式
【問 12】■正解　4
100 mmol/L KH_2PO_4 水溶液と 100 mmol/L K_2HPO_4 水溶液を混合するので，リン酸カリウムの濃度は 100 mmol/L のままであり，pH が 6.8 になる.
【問 13】■正解　3
塩基性緩衝液である.
$[H^+] = K_a \times [CH_3COOH]/[CH_3COO^-]$

$[H^+] = 10^{-5} \times [0.15]/[0.3]$
$[H^+] = 5 \times 10^{-6}$
$pH = 5.3$

【問 14】■正解　5

$HA \rightleftharpoons H^+ + A^-$, $K_a = [H^+][A^-]/[HA]$
よって［イオン形］/［分子形］$= K_a/[H^+]$ から
log［イオン形］/［分子形］$= \log (K_a/[H^+])$
log［イオン形］/［分子形］$= pH - pK_a$
［イオン形］/［分子形］$= 10^{pH-pKa}$

【問 15】■正解　2

1　×　pH 3 ではカルボキシ基が解離したイオン形と分子形が等しい
3　×　pH 8 以上で分子形は存在しなくなる
5　×　pH 13 でカルボキシ基のイオン形と OH 基のイオン形が等しくなる

【問 16】■正解　1

2　×　沈殿していないということは，飽和でないということも考えられる．
5　×　K_{sp} = イオン積では飽和状態であるため，沈殿は生じない．

【問 17】■正解　2

2　○　$S = \sqrt{K_{sp}}$
3　×　イオン強度の増大により，溶解度は微量だが増大する．
4　×　$CO_3^{2-} + H^+ \rightleftharpoons HCO_3^-$ の平衡により溶解度は増大する．

【問 18】■正解　2

1　×　吸熱反応の場合は，温度を上げると溶解度は大きくなる．
2　○　水と比べ誘電率が小さい有機溶媒では，溶解度は小さい．
4　×　溶解度は大きくなる
5　×　酸性にすると溶解度は増大する

【問 19】■正解　2

酸化還元反応では酸化数の変化が生じる．

【問 20】■正解　1

2　×　+2
4　×　還元剤なので，電位は低い．
5　×　還元とは還元される反応のことで，酸化数は減少することである．

【問 21】■正解　1

1　○　電位が小さいほうが還元性を示す．
3　×　Zn 電極から Zn^{2+} が溶出するので，$ZnSO_4$ 水溶液は薄いほうがよい．
4　×　K^+，Cl^- が塩橋を移動する．これにより，生じる液間電位差を解消する．
5　×　標準酸化還元位から Zn が還元するので，電子は Zn から Cu に流れる．

【問 22】■正解　1

1　○　局方では銀-塩化銀電極が用いられる．
2　×　0 V に定められている．
3　×　銀電極は，活性電極の 1 つである．
4　×　ガラス電極が用いられる．
5　×　電位が一定なのは参照電極である．

【問 23】■正解　2

塩基性医薬品の溶解度は $S = S_0 (1 + 10^{pK_a - pH})$ で算出できる．$pK_a = pH$ では $S = 2S_0$ で，分子形の 2 倍に相当する．

【問 24】■正解　2

油相と水相中の A の濃度の比，$K_D = [A]_o / [A]_w$ で表される．

【問 25】■正解　4

抽出効率は，有機溶媒の総量が多くなるほど，また抽出回数が多くなるほど高くなる．

【問 26】■正解　3

アンモニアの窒素原子上の非共有電子対と水素の結合は配位結合である．

1　×　非共有電子対を有する原子との化合物である．
2　×　非共有電子対を有する分子との化合物である．
4　×　塩化物イオンとナトリウムイオンはイオン結合する．
5　×　イオン性の錯体として，たとえば，テトラアンミン銅(II)イオン $[Cu(NH_3)_4]^{2+}$，ヘキサシアノ鉄(II)酸イオン $[Fe(CN)_6]^{4-}$ などがある．

【問 27】■正解　5

【問 28】■正解　5

配位数により立体構造が異なる．2 = 直線型　4 = 正方平面型，正四面体型　6 = 正八面体

【問 29】■正解　5

1　×　配位子は電子供与体である
2　×　キレート構造は多座配位子（二座配位子以上で生じる）をもつ．
3　×　多座配位子として代表的なものにエチレンジアミン四酢酸がある．
4　×　配位数の多い金属では立体構造が生じる．

各種定数表

付録

a. 酸の解離定数

酸	化学式	解離定数 K_a	pK_a
亜硝酸	HNO_2	4×10^{-4}	3.40
亜セレン酸	H_2SeO_3	K_1 3×10^{-3}	2.52
亜セレン酸水素イオン	$HSeO_3^-$	K_2 5×10^{-8}	7.30
亜ヒ酸	H_3AsO_3	K_1 6×10^{-10}	9.22
亜硫酸	H_2SO_3	K_1 1.72×10^{-2}	1.76
亜硫酸水素イオン	HSO_3^-	K_2 6.24×10^{-8}	7.20
亜リン酸	H_3PO_3	K_1 1.6×10^{-2}	1.80
亜リン酸水素イオン	HPO_3^{2-}	K_3 4.8×10^{-13}	12.32
亜リン酸二水素イオン	$H_2PO_3^-$	K_2 7.5×10^{-3}	2.12
安息香酸	C_6H_5COOH	6.31×10^{-5}	4.20
過ヨウ素酸	HIO_4	2.3×10^{-2}	1.64
ギ　酸	$HCOOH$	1.77×10^{-4}	3.75
クエン酸	CH_2COOH	K_1 8.7×10^{-4}	3.06
	$HO-C-COOH$	K_2 1.8×10^{-5}	4.74
	CH_2COOH	K_3 4.0×10^{-6}	5.40
クロム酸	H_2CrO_4	K_2 3.2×10^{-7}	6.49
クロロ酢酸	$CH_2ClCOOH$	1.4×10^{-3}	2.85
コハク酸	CH_2COOH	K_1 6.4×10^{-5}	4.19
	CH_2COOH	K_2 2.7×10^{-6}	5.57
酢　酸	CH_3COOH	1.75×10^{-5}	4.76
サリチル酸	$C_6H_4(OH)COOH$	K_1 1.06×10^{-3}	2.97
		K_2 3.6×10^{-14}	13.44
次亜塩素酸	$HClO$	3.5×10^{-8}	7.46
シアン化水素	HCN	7.2×10^{-10}	9.14
ジクロロ酢酸	$CHCl_2COOH$	5×10^{-2}	1.30
ジニトロ安息香酸	$2,4-C_6H_3(NO_2)_2COOH$	3.76×10^{-2}	1.42
シュウ酸	$(COOH)_2$	K_1 6.5×10^{-2}	1.19
		K_2 6.1×10^{-5}	4.21
酒石酸	$HO-CH-COOH$	K_1 9.6×10^{-4}	3.02
	$HO-CH-COOH$	K_2 2.9×10^{-5}	4.54
スルファニル酸	$C_6H_4(NH_2)SO_3H$	6.5×10^{-4}	3.19

（前ページよりつづき）

酸	化学式	解離定数 K_a	pK_a
スルファミン酸	H_2NSO_3H	1.03×10^{-1}	0.99
炭　酸	H_2CO_3	K_1 4.47×10^{-7}	6.35
炭酸水素イオン	HCO_3^-	K_2 4.68×10^{-11}	10.33
チオ硫酸	$H_2S_2O_3$	K_2 2.8×10^{-2}	1.56
テルル酸	H_2TeO_4	K_1 6×10^{-7}	6.22
テルル酸水素イオン	$HTeO_4^-$	K_2 2×10^{-8}	7.70
トリクロロ酢酸	CCl_3COOH	1.3×10^{-1}	0.89
ヒ　酸	H_3AsO_4	K_1 5×10^{-2}	1.30
		K_2 8.3×10^{-8}	7.09
		K_3 4.8×10^{-13}	12.32
ピロリン酸	$H_4P_2O_7$	K_1 1.4×10^{-10}	0.83
		K_2 1.1×10^{-2}	1.96
		K_3 2.1×10^{-7}	6.68
		K_4 4.06×10^{-10}	9.39
フェノール	C_6H_5OH	1.3×10^{-10}	9.89
フタル酸	$C_6H_4(COOH)_2$	K_1 1.3×10^{-3}	2.89
		K_2 3.9×10^{-6}	5.41
フッ化水素	HF	7.2×10^{-4}	3.14
プロピオン酸	C_2H_5COOH	1.34×10^{-5}	4.87
ホウ素	H_3BO_3	K_1 5.83×10^{-10}	9.23
		K_2 1.82×10^{-13}	12.74
		K_3 1.59×10^{-14}	13.80
マロン酸	$H_2C(COOH)_2$	K_1 1.4×10^{-3}	2.85
		K_2 8.0×10^{-7}	6.10
マレイン酸	HC−COOH ‖ HC−COOH	1.0×10^{-2}	2.00
ヨウ素酸	HIO_3	1.67×10^{-1}	0.78
硫化水素酸	H_2S	K_1 1.02×10^{-7}	6.99
	HS^-	K_2 1.21×10^{-13}	12.92
硫　酸	H_2SO_4	K_1 —	—
硫酸水素イオン	HSO_4^-	K_2 1.2×10^{-2}	1.92
リン酸	H_3PO_4	K_1 7.5×10^{-3}	2.12
リン酸水素イオン	HPO_4^{2-}	K_3 4.8×10^{-13}	12.32
リン酸二水素イオン	$H_2PO_4^-$	K_2 6.2×10^{-8}	7.21

b. 塩基の解離定数

塩　　基	化　学　式	解離定数　K_b	pK_b
アニリン	$C_6H_5NH_2$	4.2×10^{-10}	9.38
アンモニア	NH_3	1.78×10^{-5}	4.75
エチルアミン	$C_2H_5NH_2$	4.7×10^{-4}	3.33
ジエチルアミン	$(C_2H_5)_2NH$	1.26×10^{-3}	2.90
N-ジメチルアニリン	$C_6H_5N(CH_3)_2$	1.15×10^{-9}	8.94
ジメチルアミン	$(CH_3)_2NH$	1.18×10^{-3}	2.93
炭酸水素イオン	HCO_3^-	2.2×10^{-8}	7.66
トリエチルアミン	$(C_2H_5)_3N$	5.65×10^{-4}	3.25
トリメチルアミン	$(CH_3)_3N$	8.1×10^{-5}	4.09
ヒドロキシルアミン	NH_2OH	1.07×10^{-3}	2.97
ピペリジン	$C_5H_{11}N$	1.6×10^{-3}	2.80
ピリジン	C_5H_5N	1.5×10^{-9}	8.82
ベンジルアミン	$C_6H_5CH_2NH_2$	2.0×10^{-5}	4.70
メチルアミン	CH_3NH_2	5.25×10^{-4}	3.28

c. 金属錯体の生成定数

配　位　子	金属イオン	K_{MY}	$\log K_{MY}$
エチレンジアミン四酢酸	Al^{3+}	1.26×10^{16}	16.10
EDTA	Ba^{2+}	6.31×10^{7}	7.80
$HOOCCH_2 \backslash\!/ NCH_2CH_2N \backslash\!/ CH_2COOH$ (HOOCCH₂ ×2 on N, CH₂COOH ×2 on N)	Ca^{2+}	5.01×10^{10}	10.70
	Cd^{2+}	4.00×10^{16}	16.60
$pK_1 = 1.99$	Co^{2+}	2.00×10^{16}	16.30
$pK_2 = 2.67$	Cr^{3+}	1.00×10^{23}	23.00
$pK_3 = 6.16$	Cu^{2+}	6.31×10^{18}	18.80
$pK_4 = 10.23$	Fe^{2+}	2.00×10^{14}	14.30
	Fe^{3+}	1.26×10^{25}	25.10
	Hg^{2+}	6.31×10^{21}	21.80
	Mg^{2+}	4.90×10^{8}	8.69
	Ni^{2+}	4.00×10^{18}	18.60
	Pb^{2+}	1.00×10^{18}	18.00
	Sr^{2+}	4.00×10^{8}	8.60
	Zn^{2+}	3.16×10^{16}	16.50

d. 標準酸化還元電位（25℃）

標準電位($E°$ V)	酸化型	+	ne^-	+	(H^+)	⇌	還元型
2.65	F_2	+	$2e^-$			⇌	$2F^-$
1.842	Co^{3+}	+	e^-			⇌	Co^{2+}
1.77	H_2O_2	+	$2e^-$	+	$2H^+$	⇌	$2H_2O$
1.695	MnO_4^-	+	$3e^-$	+	$4H^+$	⇌	$MnO_2 + 2H_2O$
1.61	Ce^{4+}	+	e^-			⇌	Ce^{3+}
1.52	BrO_3^-	+	$5e^-$	+	$6H^+$	⇌	$1/2\,Br_2 + 3H_2O$
1.51	MnO_4^-	+	$5e^-$	+	$8H^+$	⇌	$Mn^{2+} + 4H_2O$
1.42	BrO_3^-	+	$6e^-$	+	$6H^+$	⇌	$Br^- + 3H_2O$
1.36	Cl_2	+	$2e^-$			⇌	$2Cl^-$
1.33	$Cr_2O_7^{2-}$	+	$6e^-$	+	$14H^+$	⇌	$2Cr^{3+} + 7H_2O$
1.23	MnO_2	+	$2e^-$	+	$4H^+$	⇌	$Mn^{2+} + 2H_2O$
1.229	O_2	+	$4e^-$	+	$4H^+$	⇌	$2H_2O$
1.20	$2IO_3^-$	+	$10e^-$	+	$12H^+$	⇌	$I_2 + 6H_2O$
1.09	IO_3^-	+	$6e^-$	+	$6H^+$	⇌	$I^- + 3H_2O$
1.07	Br_2	+	$2e^-$			⇌	$2Br^-$
1.00	HNO_2	+	e^-	+	H^+	⇌	$NO + H_2O$
0.987	Pd^{2+}	+	$2e^-$			⇌	Pd
0.94	NO_3^-	+	$2e^-$	+	$3H^+$	⇌	$HNO_2 + H_2O$
0.920	$2Hg^{2+}$	+	$2e^-$			⇌	Hg_2^{2+}
0.88	H_2O_2	+	$2e^-$			⇌	$2OH^-$
0.854	Hg^{2+}	+	$2e^-$			⇌	Hg
0.799	Ag^+	+	e^-			⇌	Ag
0.789	Hg_2^{2+}	+	$2e^-$			⇌	2 Hg
0.771	Fe^{3+}	+	e^-			⇌	Fe^{2+}
0.682	O_2	+	$2e^-$	+	$2H^+$	⇌	H_2O_2
0.619	$I_2(aq)$	+	$2e^-$			⇌	$2I^-$
0.56	AsO_4^{3-}	+	$2e^-$	+	$2H^+$	⇌	$AsO_3^{3-} + H_2O$
0.5345	$I_2(s)$	+	$2e^-$			⇌	$2I^-$
0.36	$Fe(CN)_6^{3-}$	+	e^-			⇌	$Fe(CN)_6^{4-}$
0.337	Cu^{2+}	+	$2e^-$			⇌	Cu
0.17	SO_4^{2-}	+	$2e^-$	+	$4H^+$	⇌	$H_2SO_3 + H_2O$
0.154	Sn^{4+}	+	$2e^-$			⇌	Sn^{2+}
0.13	$S_4O_6^{2-}$	+	$2e^-$			⇌	$2S_2O_3^{2-}$
0.000	$2H^+$	+	$2e^-$			⇌	H_2
−0.126	Pb^{2+}	+	$2e^-$			⇌	Pb
−0.13	CrO_4^{2-}	+	$3e^-$	+	$4H_2O$	⇌	$Cr(OH)_3 + 5OH^-$
−0.136	Sn^{2+}	+	$2e^-$			⇌	Sn
−0.250	Ni^{2+}	+	$2e^-$			⇌	Ni
−0.277	Co^{2+}	+	$2e^-$			⇌	Co
−0.403	Cd^{2+}	+	$2e^-$			⇌	Cd

標準電位（E° V）	酸化型	+	ne$^-$	+	（H^+）	⇌	還元型
− 0.41	Cr^{3+}	+	e^-			⇌	Cr^{2+}
− 0.44	Fe^{2+}	+	2 e^-			⇌	Fe
− 0.49	2 CO_2(g)	+	2 e^-	+	2 H^+	⇌	$H_2C_2O_4$
− 0.74	$Cr_3{}^+$	+	3 e^-			⇌	Cr
− 0.763	Zn^{2+}	+	2 e^-			⇌	Zn
− 0.828	2 H_2O	+	2 e^-			⇌	H_2 + 2 OH^-
− 1.18	Mn^{2+}	+	2 e^-			⇌	Mn
− 1.66	Al^{3+}	+	3 e^-			⇌	Al
− 2.37	Mg^{2+}	+	2 e^-			⇌	Mg
− 2.714	Na^+	+	e^-			⇌	Na
− 2.87	Ca^{2+}	+	2 e^-			⇌	Ca
− 2.925	K^+	+	e^-			⇌	K
− 3.045	Li^+	+	e^-			⇌	Li

e. 溶解度積（18 ～ 25℃）

化　合　物　名	化　学　式	溶解度積　K_{sp}	pK_{sp}
亜硝酸コバルト(Ⅲ)カリウムナトリウム	$K_2Na[Co(NO_2)_6]$	2.2×10^{-11}	10.7
亜硝酸コバルト(Ⅲ)ナトリウムアンモニウム	$Na(NH_4)_2[Co(NO_2)_6]$	4×10^{-12}	11.4
塩化銀	AgCl	1.78×10^{-10}	9.75
塩化水銀(Ⅰ)	Hg_2Cl_2	1.3×10^{-18}	17.9
塩化水銀(Ⅱ)	$HgCl_2$	2.6×10^{-15}	14.6
塩化銅(Ⅰ)	CuCl	1.2×10^{-6}	5.92
塩化鉛	$PbCl_2$	1.7×10^{-5}	4.77
塩化白金カリウム	K_2PtCl_6	1.1×10^{-5}	4.96
クロム酸銀	Ag_2CrO_4	1.29×10^{-12}	11.9
クロム酸ストロンチウム	$SrCrO_4$	3.6×10^{-5}	4.44
クロム酸鉛	$PbCrO_4$	1.8×10^{-14}	13.7
クロム酸バリウム	$BaCrO_4$	1.2×10^{-10}	9.92
ケイフッ化カリウム	K_2SiF_6	8.6×10^{-7}	6.07
シアン化銀	AgCN	1.2×10^{-16}	15.9
シアン化水銀(Ⅰ)	$Hg_2(CN)_2$	5×10^{-40}	39.3
臭化銀	AgBr	4.9×10^{-13}	12.31
臭化水銀(Ⅰ)	Hg_2Br_2	5.2×10^{-22}	21.3
臭化水銀(Ⅱ)	$HgBr_2$	8×10^{-20}	19.1
臭化銅(Ⅰ)	CuBr	5.2×10^{-9}	8.28
シュウ化鉛	$PbBr_2$	3.9×10^{-5}	4.41
シュウ酸亜鉛	$ZnC_2O_4 \cdot 2\,H_2O$	1.35×10^{-9}	8.87
シュウ酸カルシウム	CaC_2O_4	4×10^{-9}	8.40

（前ページよりつづき）

化合物名	化学式	溶解度積 K_{sp}	pK_{sp}
シュウ酸銀	$Ag_2C_2O_4$	3.5×10^{-11}	10.5
シュウ酸ストロンチウム	SrC_2O_4	1.6×10^{-7}	6.80
シュウ酸鉄(Ⅱ)	FeC_2O_4	2.6×10^{-6}	5.69
シュウ酸鉛	PbC_2O_4	4.8×10^{-10}	9.32
シュウ酸バリウム	BaC_2O_4	2.3×10^{-8}	7.64
シュウ酸マグネシウム	MgC_2O_4	1×10^{-8}	8.0
臭素酸銀	$AgBrO_3$	5.2×10^{-5}	4.28
水酸化亜鉛	$Zn(OH)_2$	2×10^{-15}	14.7
水酸化アルミニウム	$Al(OH)_3$	1.1×10^{-33}	32.9
水酸化カドミウム	$Cd(OH)_2$	3.9×10^{-15}	14.4
水酸化カルシウム	$Ca(OH)_2$	5.5×10^{-6}	5.26
水酸化銀	$AgOH$	2.6×10^{-8}	7.59
水酸化コバルト	$Co(OH)_2$	4×10^{-16}	15.4
水酸化鉄(Ⅱ)	$Fe(OH)_2$	8×10^{-16}	15.1
水酸化鉄(Ⅲ)	$Fe(OH)_3$	2.5×10^{-39}	38.6
水酸化水銀(Ⅰ)	$Hg_2(OH)_2$	7.8×10^{-24}	23.1
水酸化水銀(Ⅱ)	$Hg(OH)_2$	1×10^{-26}	26.0
水酸化鉛	$Pb(OH)_2$	1.6×10^{-7}	6.80
水酸化ニッケル	$Ni(OH)_2$	6.5×10^{-18}	17.2
水酸化マグネシウム	$Mg(OH)_2$	1.8×10^{-11}	10.7
水酸化マンガン	$Mn(OH)_2$	2.9×10^{-13}	12.5
炭酸カルシウム	$CaCO_3$	2.9×10^{-9}	8.54
炭酸銀	Ag_2CO_3	8.1×10^{-12}	11.1
炭酸ストロンチウム	$SrCO_3$	2.8×10^{-9}	8.55
炭酸鉄(Ⅱ)	$FeCO_3$	3.5×10^{-11}	10.5
炭酸バリウム	$BaCO_3$	5.1×10^{-9}	8.29
炭酸マグネシウム	$MgCO_3$	1×10^{-5}	5.0
チオシアン酸銀	$AgSCN$	1.0×10^{-12}	12.0
チオシアン酸水銀(Ⅰ)	$Hg_2(SCN)_2$	3.0×10^{-20}	19.5
チオシアン酸銅	$CuSCN$	4.8×10^{-15}	14.3
ヒ酸ウラニルカリウム	KUO_2AsO_4	2.5×10^{-23}	22.6
ヒ酸ウラニルナトリウム	$NaUO_2AsO_4$	1.3×10^{-22}	21.9
ヒ酸銀	Ag_3AsO_4	1×10^{-22}	22.0
フッ化カルシウム	CaF_2	4.9×10^{-11}	10.3
フッ化ストロンチウム	SrF_2	2.5×10^{-9}	8.60
フッ化鉛	PbF_2	2.7×10^{-8}	7.57
フッ化バリウム	BaF_2	1.0×10^{-6}	6.0
フッ化マグネシウム	MgF_2	6.5×10^{-9}	8.19
ヨウ化銀	AgI	9.8×10^{-17}	16.01
ヨウ化銅(Ⅰ)	CuI	9.4×10^{-13}	12.0
ヨウ化水銀(Ⅰ)	Hg_2I_2	4.5×10^{-29}	28.3
ヨウ化水銀(Ⅱ)	HgI_2	3.2×10^{-29}	28.5
ヨウ化鉛	PbI_2	7.1×10^{-9}	8.15

（前ページよりつづき）

化　合　物　名	化　学　式	溶解度積　K_{sp}	pK_{sp}
ヨウ化ビスマス	BiI_3	8.1×10^{-19}	18.1
ヨウ素酸カルシウム	$Ca(IO_3)_2$	7.1×10^{-7}	6.15
ヨウ素酸銀	$AgIO_3$	3.0×10^{-5}	4.52
ヨウ素酸銅	$Cu(IO_3)_2$	7.4×10^{-8}	7.13
硫化亜鉛	α-ZnS	4.3×10^{-25}	24.4
	β-	3×10^{-22}	21.5
硫化カドミウム	CdS	5×10^{-28}	27.3
硫化銀	Ag_2S	6×10^{-50}	49.2
硫化コバルト	α-CoS	4×10^{-21}	20.4
	β-	2×10^{-25}	24.7
硫化鉄(Ⅱ)	FeS	6×10^{-18}	17.2
硫化水銀(Ⅱ)	HgS	4×10^{-53}	52.4
硫化銅	Cu_2S	3×10^{-48}	47.5
硫化銅(Ⅱ)	CuS	6×10^{-36}	35.2
硫化鉛	PbS	1×10^{-28}	28.0
α-硫化ニッケル	α-NiS	3×10^{-10}	9.52
β-	β-	1×10^{-24}	24.0
γ-	γ-	2×10^{-26}	25.7
硫化ビスマス	Bi_2S_3	1×10^{-97}	97.0
硫化マンガン	MnS(無晶形)	3×10^{-10}	9.52
	(結晶)	3×10^{-13}	12.5
硫酸カルシウム	$CaSO_4$	2.27×10^{-5}	4.64
硫酸銀	Ag_2SO_4	1.6×10^{-5}	5.80
硫酸ストロンチウム	$SrSO_4$	3.2×10^{-7}	6.49
硫酸鉛	$PbSO_4$	7.2×10^{-8}	7.14
硫酸バリウム	$BaSO_4$	2.0×10^{-11}	10.7
リン酸アルミニウム	$AlPO_4$	3.9×10^{-11}	10.4
リン酸アンモニウムマグネシウム	$MgNH_4PO_4$	3×10^{-13}	12.5
リン酸銀	Ag_3PO_4	1.3×10^{-20}	19.9
リン酸マグネシウム	$Mg_3(PO_4)_2 \cdot 8\,H_2O$	6.3×10^{-26}	25.2

主として，日本化学会編，“化学便覧 基礎編 改訂５版”，p. Ⅱ-332 〜 Ⅱ-359，丸善（2004）による．

参考図書

1. H. Freiser, Q. Fernando 共著, 藤永太一郎, 関戸栄一共訳, “イオン平衡：分析化学における”, 化学同人（1967）.
2. 姫野貞之, 市村彰男共著, “溶液内イオン平衡に基づく分析化学　第2版”, 化学同人（2009）.
3. 中村　洋編, “基礎薬学　分析化学Ⅰ，Ⅱ　第4版”, 廣川書店（2011）.
4. 前田昌子, 今井一洋編, “コアカリ対応 分析化学　第3版”, 丸善出版（2011）.

索 引

著者略歴

荒川　秀俊　(あらかわ　ひでとし)

2005年　昭和大学薬学部　教授

2018年　昭和大学　名誉教授

専門：臨床分析化学

研究分野：生体成分の高感度分析法の開発

薬学生のための　化学平衡ノート

平成27年 9月30日　発　　行

令和 7年 4月10日　第5刷発行

著作者　荒　川　秀　俊

発行者　池　田　和　博

発行所　丸善出版株式会社

〒101-0051 東京都千代田区神田神保町二丁目17番

編集：電話(03)3512-3262／FAX(03)3512-3272

営業：電話(03)3512-3256／FAX(03)3512-3270

https://www.maruzen-publishing.co.jp

組版・株式会社 日本制作センター

印刷・大日本法令印刷株式会社／製本・株式会社 松岳社

ISBN 978-4-621-08967-5 C3047　　Printed in Japan